全国高等职业教育技能型紧缺人才培养培训推荐教材

建筑弱电系统安装

(建筑设备工程技术专业)

本教材编审委员会组织编写

刘复欣　主　编
林　彬　副主编
沈瑞珠　主　审

中国建筑工业出版社

图书在版编目（CIP）数据

建筑弱电系统安装．建筑设备工程技术专业/本教材编审委员会组织编写，刘复欣主编．—北京：中国建筑工业出版社，2007（2023.3重印）
全国高等职业教育技能型紧缺人才培养培训推荐教材
ISBN 978-7-112-07616-1

Ⅰ．建⋯ Ⅱ．①本⋯②刘⋯ Ⅲ．房屋建筑设备：电气设备-建筑安装工程-高等学校：技术学校-教材 Ⅳ．TU85

中国版本图书馆 CIP 数据核字（2006）第 163922 号

全国高等职业教育技能型紧缺人才培养培训推荐教材
建筑弱电系统安装
（建筑设备工程技术专业）
本教材编审委员会组织编写
刘复欣　主　编
林　彬　副主编
沈瑞珠　主　审

*

中国建筑工业出版社出版、发行（北京西郊百万庄）
各地新华书店、建筑书店经销
霸州市顺浩图文科技发展有限公司制版
廊坊市海涛印刷有限公司印刷

*

开本：787×1092 毫米　1/16　印张：13　字数：313 千字
2007 年 3 月第一版　2023 年 3 月第七次印刷
定价：**30.00 元**
ISBN 978-7-112-07616-1
（40420）

版权所有　翻印必究
如有印装质量问题，可寄本社退换
（邮政编码 100037）

本社网址：http://www.cabp.com.cn
网上书店：http://www.china-building.com.cn

本书针对职业教育中的项目教学法，以弱电工程项目实例作为主题，对现代建筑中经常使用的几种弱电系统从完成职业素质培养的角度进行论述。

书中主要设置了八个基本项目教学单元，包括：电话通信系统、有线电视系统、保安监控系统、音响广播系统、呼叫系统、大屏幕显示系统、时钟系统等。

本书可以作为建筑设备类专业职业教育的教材，也可以供从事弱电工程设计、安装的技术人员参考。

* * *

责任编辑：齐庆梅
责任设计：赵明霞
责任校对：孟　楠

本教材编审委员会名单

主　任： 张其光

副主任： 陈　付　刘春泽　沈元勤

委　员：（按拼音排序）

陈宏振　丁维华　贺俊杰　黄　河　蒋志良　李国斌
刘复欣　刘　玲　裴　涛　邱海霞　苏德全　孙景芝
王根虎　王　丽　吴伯英　邢玉林　杨　超　余　宁
张毅敏　郑发泰

序

改革开放以来，我国建筑业蓬勃发展，已成为国民经济的支柱产业。随着城市化进程的加快、建筑领域的科技进步、市场竞争的日趋激烈，急需大批建筑技术人才。人才紧缺已成为制约建筑业全面协调可持续发展的严重障碍。

面对我国建筑业发展的新形势，为深入贯彻落实《中共中央、国务院关于进一步加强人才工作的决定》精神，2004年10月，教育部、建设部联合印发了《关于实施职业院校建设行业技能型紧缺人才培养培训工程的通知》，确定在建筑施工、建筑装饰、建筑设备和建筑智能化等四个专业领域实施技能型紧缺人才培养培训工程，全国有71所高等职业技术学院、94所中等职业学校、702个主要合作企业被列为示范性培养培训基地，通过构建校企合作培养培训人才的机制，优化教学与实训过程，探索新的办学模式。这项培养培训工程的实施，充分体现了教育部、建设部大力推进职业教育改革和发展的办学理念，有利于职业院校从建设行业人才市场的实际需要出发，以素质为基础，以能力为本位，以就业为导向，加快培养建设行业一线迫切需要的高技能人才。

为配合技能型紧缺人才培养培训工程的实施，满足教学急需，中国建筑工业出版社在跟踪"高等职业教育建设行业技能型紧缺人才培养培训指导方案"编审过程中，广泛征求有关专家对配套教材建设的意见，组织了一大批具有丰富实践经验和教学经验的专家和骨干教师，编写了高等职业教育技能型紧缺人才培养培训"建筑工程技术"、"建筑装饰工程技术"、"建筑设备工程技术"、"楼宇智能化工程技术"4个专业的系列教材。我们希望这4个专业的系列教材对有关院校实施技能型紧缺人才的培养培训具有一定的指导作用。同时，也希望各院校在实施技能型紧缺人才培养培训工作中，有何意见及建议及时反馈给我们。

建设部人事教育司

前 言

《建筑弱电系统安装》一书是根据中国职业教育的特点，突出理论与实践融汇一体的教学指导思想，遵照教、学、做相结合的职业教育的基本原则而编写。

本书针对职业教育中的项目教学法，以弱电工程项目实例作为主题，对现代建筑中经常使用的几种弱电系统从完成职业素质培养的角度进行论述。

书中主要对电话通信系统、有线电视系统、保安监控系统、音响广播系统、呼叫系统、大屏幕显示系统、时钟系统等，设置了八个基本项目教学单元。在每个项目教学单元中均按照教、学、做三个基本步骤进行实施性论述。所谓"教"是指以简单的方框图形式讲述各个弱电系统基本构成和基本单元设备，并简单叙述各个单元设备和整个弱电系统的关系，同时简单论述各个单元设备以及整个系统的工作过程和工作原理。从而达到对弱电系统有一定的初步了解和认识。所谓"学"是指学会读懂弱电系统可以得到实施的工程图纸，在读懂弱电工程图纸的同时也达到了进一步了解弱电工程中主要单元设备的性能、特点和关键技术指标的目的。另外，"学"还要对弱电系统设备的安装要求、安装方法进行学习。掌握国家和相关管理行业对弱电系统设备安装以及对连接线路及其线路敷设而制定的有关标准和规范。读懂弱电系统工程图纸的过程，实质是对弱电系统设备安装和设备的连接线路及其线路敷设形成完整的认识。所谓"做"是指以一个小型的弱电系统工程设计项目或系统的设备安装、调试和线路连接作为实训例题，使学生熟悉现行的设计规范、设计标准图、安装规范和安装图集的使用范围。通过实训过程，学生对学过的理论知识会进一步加深理解，从而将"教"、"学"、"做"三个基本步骤融为一体，从而完成一个职业教育的全部过程，达到学则能用、学则够用的目的。为了达到真正的实训目的，书中针对一些弱电工程项目编写了设计任务书、设计指导书和设备安装的相关要求、步骤等内容，学生在"做"的过程中可以参考并作为依据，在相关资料和教师的帮助下完成实训课题。

本书由刘复欣任主编，林彬任副主编。王劲松、刘鹏起、张宇飞、沈军、张春郁、姚成芳参与了本书的编写。深圳职业技术学院沈瑞珠老师对本书进行了审阅，在此表示感谢。

本书可以作为建筑设备类职业教育的教材，也可以供从事弱电工程设计、安装的技术人员参考。

目 录

单元1 有线电话系统 1
  课题1 有线电话的相关知识 1
  课题2 有线电话系统的基本构成和工作过程 6
  课题3 有线电话系统中的主要设备 10
  课题4 有线电话系统中的配线设备和线缆 18
  课题5 设备安装和线缆的敷设 25
  课题6 管、线、槽安装施工方案 33
  课题7 电话系统设计的过程和设备安装工程图 38
  课题8 工程设计方案和施工方案确定举例 48
  小结 55
  思考题与习题 55

单元2 电缆电视系统 56
  课题1 电缆电视的基本组成及工作过程 56
  课题2 电缆电视前端设备 58
  课题3 用户分配网络设备器件安装和电缆敷设 65
  课题4 设备器件的安装方式 68
  课题5 电缆的敷设(建筑物外部分) 70
  课题6 电缆的敷设(建筑物内部分) 72
  课题7 供电、防雷及接地 74
  课题8 电缆电视系统的设计及图纸解读 77
  小结 92
  思考题与习题 92

单元3 电视监控系统 93
  课题1 电视监控系统基本构成和工作过程 93
  课题2 闭路电视监控系统前端设备 98
  课题3 闭路电视监控系统视频信号传输 107
  课题4 监控机房及控制设备 111
  课题5 闭路电视监控系统设计及施工 116
  小结 124
  思考题与习题 124

单元4 广播音响系统 125
  课题1 概述 125
  课题2 广播音响系统的基本构成及工作原理 127
  课题3 常用音响设备 128
  课题4 广播音响系统一般工艺、调试 145
  课题5 广播音响系统工程实例 153

小结 ·· 154
　　思考题与习题 ··· 154
单元5　可视对讲系统 ·· 155
　　课题1　概述 ·· 155
　　课题2　可视对讲系统组成 ··· 155
　　课题3　可视对讲系统的设备 ·· 157
　　课题4　系统布线 ·· 162
　　课题5　工程实例 ·· 162
　　小结 ·· 165
　　思考题与习题 ··· 165
单元6　时钟系统 ·· 166
　　课题1　概述 ·· 166
　　课题2　时钟系统的分类及性能特点 ··· 166
　　课题3　主从分布式子母钟系统的构成 ·· 168
　　课题4　主从分布式子母钟系统中的主要设备 ··· 169
　　课题5　相关图纸 ·· 173
　　课题6　产品实例 ·· 176
　　小结 ·· 177
　　思考题与习题 ··· 177
单元7　大屏幕显示系统 ··· 178
　　课题1　概述 ·· 178
　　课题2　LED简介 ·· 180
　　课题3　LED大屏幕的基本构成和工作过程 ··· 183
　　课题4　显示屏安装及线缆敷设 ··· 187
　　课题5　控制室内设备布置以及控制室的位置的设置 ·· 188
　　小结 ·· 188
　　思考题与习题 ··· 189
单元8　呼叫信号系统 ·· 190
　　课题1　呼叫信号系统基本构成和工作过程 ·· 190
　　课题2　呼叫信号系统的线路敷设 ·· 193
　　课题3　呼叫信号系统的设备安装 ·· 193
　　课题4　工程设计步骤 ·· 196
　　小结 ·· 197
　　思考题与习题 ··· 197
参考文献 ··· 198

单元1 有线电话系统

电话通信系统有三个组成部分：一是电话交换设备，二是传输系统，三是用户终端设备。

交换设备主要就是电话交换机，是接通电话用户之间通信线路的专用设备。电话交换机发展很快，它从人工电话交换机发展到自动电话交换机，又从机电式自动电话交换机发展到电子式自动电话交换机，以至最先进的数字程控电话交换机。程控电话交换是当今世界上电话交换技术发展的主要方向，近年来已在我国普遍采用，本章将着重对此加以介绍。

传输系统按传输媒介分为有线传输和无线传输。有线传输主要指电缆和光纤。无线传输指短波、微波中继、卫星通信等。从建筑弱电设计角度来说，主要就是有线传输。有线传输按传输信息工作方式又分为模拟传输和数字传输两种。模拟传输是将信息转换成为与之相应大小的电流模拟量进行传输，例如普通电话就是采用模拟语言信息传输。数字传输则是将信息按数字编码（PCM）方式转换成数字信号进行传输，它具有抗干扰能力强、保密性强、电路便于集成化（设备体积小）、适于开展新业务等许多优点，现在的程控电话交换就是采用数字传输各种信息。

用户终端设备，以前主要指电话机，随着通信技术的迅速发展，现在又增加了许多新设备，如传真机、计算机终端等。

课题1 有线电话的相关知识

电话是通过电信号双向传输话音的设备。电话的改进和发明包括：碳粉话筒、人工交换板、拨号盘、自动电话交换机、程控电话交换机、双音多频拨号、语音数字采样等。近年来的新技术包括：ISDN、DSL、模拟移动电话和数字移动电话等。

1.1 固定电话系统

固定电话系统通常称为公用电话交换网（PSTN）。在交换机与用户之间通常以铜线连接。近年来，光纤部分地替代了铜线。通话所使用的频率范围为 $0\sim3.5kHz$。更高的频率在接入交换局时被滤掉。模拟话音信号进一步被采样量化成为数字信号，以便在数字交换传输网络中传递。

端局是指用户拥有直接连线连接的交换机。用户线是指用户与端局之间的线路。中继线是指连接不同交换机的电路。中继线群是指一组介于同样两个交换机之间的中继线。

大型企业或机构通常会使用专用电话交换机（PBX）。专用交换机使用系统内部的号码，通常也同时占用公用电话号码的某一区段。一些大型公司的内部电话网连接不同的城市甚至不同的国家。

多数 PSTN 网络在用户和端局之间使用模拟信号传输。综合业务数字网（ISDN）则是使用数字信号来连接用户和端局的系统。

1.2　固定电话基本概念

（1）普通电话（正机）

普通电话（正机）是指一个用户单独使用并占有一个独立的电话号码的电话。

（2）电话副机及附件

电话副机及附件是指在正机之外加装的话机和分铃、电子开关、答录机等设备。

（3）无绳电话

无绳电话机由主机和无绳副机组成。主机加装在普通电话（正机）线路上，有的具有普通电话的功能，可以作为普通电话机使用。无绳电话机经无线连接，可以通过主机在一定范围内接听和拨叫电话网其他用户的电话。

（4）用户交换机、集团电话

用户交换机、集团电话是指一个用户装设的交换设备，供内部互相通话，并通过中继线经本地网内交换机与本地其他电话用户通话的通信设备。

（5）分机

连接在用户交换设备上的话机称为分机。

（6）中继线

连接用户交换机、集团电话（含具有交换功能的电话连接器）、无线寻呼台、移动电话交换机等与本地电话交换机的电话线路称为中继线。

（7）专线

用户租用本地电话线路用于传递话音或非话音信息的称为专线。

（8）公用电话

经批准装设在公共场所供用户使用并按规定收取通信费用的电话称为公用电话。

（9）用户终端复用设备

用户终端复用设备是指在用户普通电话（正机）线路上加装的传真机、数据终端等设备。

（10）程控电话

程控电话是指接入程控电话交换机的电话，程控电话交换机是利用电子计算机来控制的交换机，它以预先编好的程序来控制交换机的接续动作。程控电话与一般机电式交换机的电话相比，具有接续速度快、业务功能多、声音清晰、质量可靠等优点。

（11）卡式公用电话

卡式公用电话是指用户使用电信部门发行的储值 IC 卡或磁卡，通过卡式公用电话机完成有线或无线通话，并按规定资费标准自动削减卡内储值的一种公用电话业务。目前，卡式公用电话卡主要有 IC 卡和磁卡两种，IC 卡是通过背面的黄色电脑芯片记录 IC 卡内的金额；磁卡是通过卡上的磁性材料来记录卡内金额。它们可方便地进行"读取"及"写入"数据，其大小如名片。用户只要购买电话卡，就可以在任意一部卡式电话机上拨打本地网电话、国内、国际长途电话。

（12）IP 电话

IP 是国际互联网协议（Internet Protocol）的简称，IP 电话是按国际互联网协议规定的网络技术内容开通的电话业务，中文翻译为网络电话或互联网电话，它是利用国际互联网 Internet 为语音传输的媒介，从而实现语音通信的一种全新的通信技术。由于其通信费用低廉，所以也有人称之为廉价电话。网络电话、互联网电话、经济电话或者廉价电话，这些都是人们对 IP 电话的不同称谓，其实质基本都是一个意思。现在用得最广泛，也是比较科学的叫法即"IP 电话"。

1.3 网络电话

网络电话是一项革命性的产品，它可以通过网际网络做实时的传输及双边的对话。

(1) 局域网电话

局域网电话使用统一的网络通信设备和布线来传输话音和数据。在传统的 PBX 系统中，话音呼叫通过与办公 PBX 连接的一系列标准话音线路进入办公室，即通过一种专用设备在标准的电话配线上接收和疏导话音业务量。

(2) 网关

网关是完成电路交换呼叫至分组话音转换重要任务以及其逆向过程的部件，网关有时与路由器合并在一起。

(3) 路由器

路由器通常是现有数据网络的一部分，它读取包含在分组中的信息，并且沿着可能的最佳路径将该分组送往其目的地。

(4) 应用服务器

应用服务器适应各种变化需求，负责呼叫控制。此外它控制所有的计算机电话功能，如话音邮件、统一消息、桌面呼叫控制、自动话务员、交互话音响应和自动呼叫分配等。

(5) 分组话机

在局域网电话话音网络中的话机与常见 PBX 话机在外观和感觉方面十分相似，惟一的例外是这些话机直接插入数据网络，并不使用传统的电话配线。这样一来就节省了针对桌面进行两次布线的费用，并且允许其与数据应用更紧密地进行集成。

(6) 局域网电话的益处

1) 通过在一个统一系统中融合话音和数据，可以降低管理和设备费用，得到一个特性更加丰富的系统，并且具有原有数据系统的所有好处，如联系清单、数据排队、员工位置变更和新应用等。

2) 移动、增加和变更非常方便。借助局域网电话，移动一个员工的办公位置，增加一名新员工，或者是改变一位员工的分机号码都可以通过控制网络的同一套工具进行完成，有时甚至还能在 Web 浏览器上进行工作。

3) 由于话机具有一个惟一的 IP 地址，无论是临时还是永久地改变办公位置都很简单，只需要拔掉话机，将该话机带到新的位置，然后将其重新插入网络即可。用户立即就可以使用话机打电话或收电话，并且利用其所有特性。非现场的移植性也意味着通过与公司远程访问服务器的连接，分组话机的用户可以从具有 Internet 访问的任何位置同公司的话音网连接。这些用户将拥有与办公室内可用功能完全相同的特性和方便性。

4）应用集成，对于使用 IP 的话机而言，与网络上的调度和销售辅助工具的集成将成为一种相对简单的任务。如联系清单共享、电话号簿和与计算机的可视集成等特性将成为局域网电话环境下的普通特性。

5）呼叫中心，呼叫中心通过采用局域网电话，由于整个网络可以作为一个单独的单元进行管理，呼叫中心可以节省大量的系统管理费用和应用开销。由于局域网电话系统中的所有话音已经分组化，而且终端可以看成是网络上的节点，所以将电话呼叫、聊天、电子邮件和 VoIP 呼叫集成在一个单一的队列就变成了一个简单问题。

1.4 中国电信电话服务商

目前在中国国内的电话服务商有如下几个公司：中国联通公司、中国移动公司、中国网通公司、中国电信公司、中国铁通公司和中国卫通公司。

1.5 公用电话网与 ISDN 交换网

ISDN 的英文全称是 INTEGRATED SERVICES DIGITAL NETWORK，即综合业务数字网。它是以电话综合数字网（IDN）为基础而发展起来的通信网，可以用来承载包括话音和非话音在内的多种电信业务。

1.5.1 ISDN 特点：

（1）在用户终端之间实现以 64kbit/s 速率为基础的端到端的透明传输和数字连接。
（2）承载话音和非话音在内的多达十几种业务。
（3）开放式的网络和标准的接口。
（4）实现用户线双向数字传输技术。
（5）ISDN 在一条用户线上实现高可靠和高质量的通信。由于终端和信道完全数字化，噪声、串音、信号衰减和失真受距离和链路数的增加而产生的影响十分小，提高了通信质量。
（6）在一条 ISDN 用户线上可以连接 8 个终端，可 3 台同时工作。
（7）采用基本速率接口（BRA）和基群速率接口。
（8）费用较低。

1.5.2 ISDN 的技术应用

具有 ISDN 功能的交换机提供两种速率的接口。一种是基本接入（BRA），也称为 2B+D 接口。这种接口由两个 64kbit/s 的 B 通道和一个用于传送信令和数据的 16kbit/s 的 D 通路组成。如果采用二线传输时为 U 接口。另一种是基群速率接入（PRA），称为 30B+D 接口，所有的通道均为 64kbit/s 传输速率。

ISDN 业务的用户网络接口是技术的关键，它涉及到用户网络与网络连接的一系列接口。其中 U 接口是交换机与用户线路间的接口。U 接口的一侧连接交换机的数字用户模块或其他的终端模块。在用户侧与设在用户端的网络终端 NT1 相连。

一般的 ISDN 用户终端或用户终端适配器只有 S/T 接口，必须经过网络终端 NT1 和 NT2 才能与交换机直接相连，但有用户终端将终端适配器与 NT1 做在一起，这样就可以直接连至交换机。因此不需要对原有的市话配线网进行改造，即可开放 ISDN 业务。

在2B+D的用户线上可以连接近8个终端，使上网和通话可以同时进行。

1.5.3 ISDN的业务应用

ISDN的应用范围非常广泛，主要应用在局域网和视频领域中。为了使局域网的通信不仅仅在内部，而且避免经过现有的普通电话网和分组交换网与公用网相连时的通信速率和性能达不到满意的需求这一状况，可以采用ISDN组网。由于ISDN基本接入端口提供两个64kbit/s的数字通道，因此模拟话机也可以通过数字终端设备接入ISDN网络，实现话音与数据的综合通信。远端的局域网通过相应的端口将局域网中的各种资源传至远端的工作站，实现共享。其中通信服务器主要完成远端工作站的PC机与局域网内其他设备的互通功能。包括B通道的建立与拆除，路由的选择和协议的互通。

ISDN可用于多个LAN网的互联，而取代租用电路，从而可节省费用，这时LAN网只是ISDN网络的一个用户。在这种应用中，每一个LAN的ISDN适配器支持一个或多个2B+D的基本速率端口，而且不同地点的LAN网在ISDN的网络中存在一个地址码。ISDN还可将多个局域网构成一个虚拟的网络，非常适用于企业和商业集团的应用。

1.5.4 宽带综合业务数字网（B-ISDN）：

由于通信技术的高速发展，为了满足日益增长的高速数据传输、高速文件、可视电话、会议电话、宽带可视图文、高清晰度电视及多媒体多功能终端等新的宽带业务的需要，宽带网的建设势在必行。

B-ISDN与N-ISDN相比有以下优点：

（1）以光纤为传输媒介，可以保证通信业务的高质量，减少网络运行中的诊断、纠错、重发，提高了传输速率，为用户提供高质量的视觉信息。

（2）ATM是以信元为信息转移模式，信元为固定格式的等长分组，从而为传输和交换带来极大的便利。

（3）虚拟信道的应用，使得网络资源"按需分配"，这样等待传输的信息动态占用信道，网络呈现开放状态，具有极大的灵活性。

（4）B-ISDN的业务特点：宽带网络允许多种业务合理地发展，终端又按综合业务的要求统一设计，可经济地向用户提供电信业务及各种信息服务。而且在B-ISDN的业务中，应以图像通信占有主要地位，同时许多的业务又具有多媒体的特性。

（5）B-ISDN的用户/网络接口的高速率（达155Mbit/s或622Mbit/s）可支持多种业务和多种不同业务的组合所形成的不同的传输速率业务，因此网络提供的业务千变万化。

1.6 接入网系统

整个通信网络分成传送网、交换网、接入网三个部分。接入网为本地交换机与用户机的连接部分，通常包括用户线传输系统、复用设备以及数字交叉连接设备和用户/网络接口设备。接入网从技术上目前可以分为以下几种类型，见表1-1。

1.7 非对称数字用户线（ADSL）

ADSL采用调制技术将上行信道与下行信道分开，将实现音频、数据、视频信号在电话双绞线上传送。在不影响电话业务的情况下，用户端只需加装一个ANT网络终端设备，即可接入宽带网络。因此ADSL的接入可以和电话业务共享同一对双绞线。

接入网的主要类型　　　　　　　　　表 1-1

接入网	有线接入	铜缆接入	线对增容	
			高比特数字用户线（HDSL）	
			非对称数字用户线（ADSL）	
			甚高比特数字用户线（VDSL）	
		光纤接入	无源光纤接入（PON）	无源宽带（BPON）
				无源窄带（NPON）
				同步宽带（APON）
				混合光纤同轴（HFC）
	无线接入	"一点多址"微波		
		无绳与蜂窝		
		VAST 卫星		

1.8　混合光纤同轴接入（HFC）

HFC 的接入也就是从中心局到光节点之间采用有源光纤接入，从光节点到用户端采用同轴电缆接入。它采用 QAM 调制方式将模拟电视信号、数据信号和电话信号调制到模拟信道上，采用光纤将射频信号传输到光节点，在用户端又解调成不同的信号。HFC 可提供 CATV、VOD、交互式数据业务和电话业务，具有传输距离远和设备共享等优点。

课题 2　有线电话系统的基本构成和工作过程

2.1　有线电话系统的基本构成

有线电话系统主要由三个部分构成：一是电话交换设备，二是传输系统，三是用户终端设备。交换设备主要就是电话交换机，是接通电话用户之间通信线路的专用设备。传输系统按传输媒介分为有线传输和无线传输，主要用的就是有线传输。用户终端设备，主要指电话机、传真机、计算机终端等。某办公室有线电话系统图如图 1-1 所示。

2.2　有线电话系统的工作过程与原理

2.2.1　有线电话系统的工作原理

两个固定电话用户 A 和 B 建立通话时的信号连接如图 1-2 所示，在用户终端 A 通过模拟电话输出的是模拟语音信号，通过本地用户板转换编码成为数字信号，然后数字信号传输至电话局的交换设备，经过路由之后到达用户 B 本地的用户板，在用户板处再将数字信号解码转换成模拟语音信号传输至用户 B 的固定电话，反之亦然，从用户 B 的固定电话输出的模拟语音信号也类似的到达用户 A，形成全双工的通话。在信号传输过程中，用户板需要提供数模转换、模数转换、编码解码、多路复用（一个用户板可以连接多个模拟电话机）等功能，而在建立通话的过程中，用户板还需要提供摘挂机检测、振铃等功能。

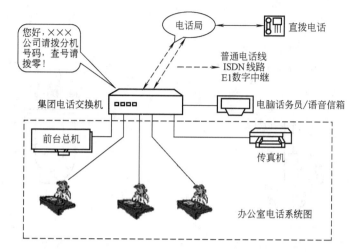

图 1-1 某办公室有线电话系统图

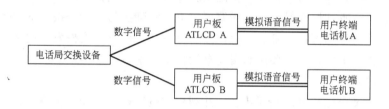

图 1-2 固定模拟电话通信时信号连接图

2.2.2 电话机的构成与工作原理

(1) 电话的构成

碳精话筒,听筒,电源(J 1202 型或 J 1202—1 型),小灯泡(6.3V,0.3A),小灯座(J 2351 型),小碳棒 2 根(从 1 号废干电池中获得),双股长导线(10m),直流安培计(J 0407 型或 J 0407—1 型),导线若干。

碳精话筒又叫送话器。它的电路符号和内部结构如图 1-3 所示。主要部件包括:前电极、连在前电极的振动膜、后电极、前后电极之间的碳精砂。听筒又叫受话器或耳机。它的电路符号和内部结构示意图如图 1-4 所示,主要部件包括:振动膜片(薄铁片)、永久磁铁、绕在永久磁铁上的线圈。

(2) 电话机上几个功能键的用途

1) 电话键"R" 称作记发器再启动键,用于程控交换机的话机。如使用三方通话、会议电话等特种业务时,可按程控交换机特种业务的要求,使用此键,会按规定中断话机直流电话一个特定的瞬间,以重新启动程控交换机的记发器电路。

2) 电话键"*" 一般为暂停键,基础型脉冲按键电话机中大都附有这种"*"键。客户打外线时,如打不通,则使用"*"键,等听到公共网的拨号音(二次拨号音)再放开,公共网自动交换机才能正确动作。如只照上面所述办法使用"#"重发键,而不按"*"键暂停时,万一公共网交换机的拨号音来慢了,就要发生不正确的动作。有的话机的"*"键是作为静默键使用的,即按下此键时,话机发话电路断开,此时客户和别人说话的声音对方听不到。因此,话机客户使用前要阅读该电话机说明书,以说明书所说为准。

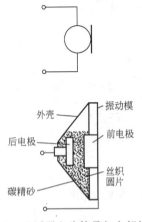 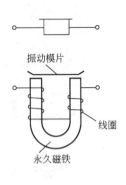

图 1-3 送话器电路符号与内部结构　　　　图 1-4 受话器电路符号与内部结构

3）电话键"♯" 一般为重发键，基础型脉冲按键电话机大都附有这种"♯"键。在打出电话由于暂停而听到忙音时，搁上话筒再取下，听到拨号音后，按一下"♯"键，即可将上次按发的电话号码再自动发送一次，如仍打不通，可以多次按发。但有的按键电话机上的"♯"键作用不同，所以要认真阅读电话机说明书。

（3）电话机的原理

电话通信是通过声能与电能相互转换，并利用"电"这个媒介来传输语言的一种通信技术。两个用户要进行通信，最简单的形式就是将两部电话机用一对线路连接起来。

1）当发话者拿起电话机对着送话器讲话时，声带的振动激励空气振动，形成声波。

2）声波作用于送话器上，使之产生电流，称为话音电流。

3）话音电流沿着线路传送到对方电话机的受话器内。

4）而受话器作用与送话器刚好相反，它把电流转化为声波，通过空气传至人的耳朵中。这样，就完成了最简单的通话过程。

2.2.3 电话交换机的结构与工作原理

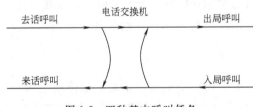

图 1-5 四种基本呼叫任务

（1）电话机的基本呼叫任务

电话交换机有四种基本呼叫任务，根据进出交换机的呼叫流向及发起呼叫的起源，可以将呼叫分为：去话呼叫、出局呼叫、入局呼叫和来话呼叫，如图1-5所示。

将交换机理解为一个交换局，本局一个用户发起的呼叫，根据呼叫的流向可以分为出局呼叫或本局呼叫。主叫用户生成去话，被叫用户是本局中的另一个用户时，即本局呼叫；被叫用户不是本局的用户，交换机需要将呼叫接续到其他的交换机时，即形成出局呼叫。相应地，从其他交换机发来的来话，呼叫本局的一个用户时，生成入局呼叫；呼叫的不是本局的一个用户，由交换机又接续到其他的交换机，交换机只提供汇接中转的功能，则形成转移呼叫。除了汇接局一般只具备"转接呼叫"的功能外，每个局的电话交换机都具备这四种呼叫的处理能力。至于长途和特种服务呼叫，可以看做是呼叫流向固定的出局呼叫。

(2) 电话交换机的基本结构

电话交换机的基本结构由两大部分构成：交换网络和控制系统，如图 1-6 所示。

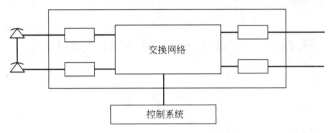

图 1-6　电话交换机基本结构

话路系统包括所有的提供电话接续任务的终端和交换设备。话路系统的核心部分是"交换网络"，从人工台的接线面板与塞绳电路，步进制的各级接线器，纵横制的用户级、选组级交换网络到数字交换机的数字交换网络，都是用来提供在各种交换方式下的通话通路的。话路系统中还包括各种需要通过交换网络进行交换连接的终端，如用户电路、中继设备、信号设备等。

控制系统在需要的时候接通话路，提供语音信号传送的通路。电话交换机经历了从最初的人工进行控制接续到以数字电子计算机作为控制系统核心的过程，从基本的电话交换的控制功能来说，不论哪一种交换方式都具备，只是实现的手段和方法有所不同而已。

(3) 程控交换机的基本概念

程控交换机的基本结构框图如图 1-7 所示。

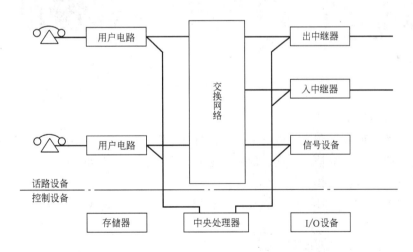

图 1-7　程控交换机的基本结构框图

控制部分包括中央处理器（CPU）、存储器和输入/输出设备。

话路部分由交换网络、出/入中继器、用户电路等组成。

交换网络可以是各种接线器（如纵横接线器、编码接线器、笛簧接线器等），也可以是电子形状矩阵（电子接线器）。交换网络可以是模拟空分的，也可以是数字时分的，并由 CPU 发送控制命令驱动。

出中继器和入中继器是和中继线相连的接口电路（中继线用于互联交换机），传输交换机之间的各种通信信号，也可以监视局间通话话路的状态。

用户电路是每个用户独用的设备，包括用户状态的监视和与用户有关的功能。在电子交换机，尤其在数字交换机中，加强了用户电路的功能。

课题 3 有线电话系统中的主要设备

3.1 电 话 机

3.1.1 电话机的种类

电话机的种类很多，这里只简单介绍几种常用的电话机如图 1-8 所示。

图 1-8 电话机的种类

（1）磁石式电话机（HC）

这是早期的一种人工交换式电话机。我国在 20 世纪 70 年代之前广泛使用这一机种，属第一代电话机。该话机是由通话、信号发送和信号接收三部分组成。

（2）共电式电话机（HG）

所谓"共电"，即通话用电源统一由交换机集中提供，也是人工式电话机，仍属第一代产品。

（3）拨号盘式电话式（HB）

这也是较为老式的一种电话机，是在共电话机的基础上增加了一只拨号盘和一付脉冲接点，属第二代产品。这种话机是利用机械旋转拨号盘来完成信号发送，即拨号盘上有一对与话机供电回路相接通的脉冲接点。由于其拨号动作多，脉冲接点易烧坏，导致脉冲参数易发生变化，这种机型现也被按键式话机所取代。

（4）脉冲按键式电话机（HA-P）

这是一种以电子电路加导电橡胶按键号盘替代机械旋转号盘的自动电话机，属于第三代电话机。其振铃电路、发号电路、通话电路有分立元件和集成电路两种；振铃信号输出有极化式电磁铃和音乐式电子铃两种。它的特点是按键号盘所发脉冲比较方便，还附着重拨键"♯"和暂停键"＊"，它以电子开关形式取代机械脉冲接点来发号，该机种适用于步进制和纵横制式交换机。

（5）音频按键式电话机（HA-P）

它以双音多频拨号信号（DTMF）代替了传统的脉冲拨号。按键上的每一个数字键（0～9）和符号键（♯、＊）均分别用高、低两个为正弦波的单音频信号来代表。这种话机的最大特点是缩短了发号时间。

（6）脉冲/音频兼容按键式电话机（HA-P/T）

这种按键式话机除采用脉冲发号外，还可用双音多频（DTMF）方式发号。它在话机侧面设有一个转换开关（P/T）作为选择。一旦将电话机安装好之后，使用者就不要随意拨弄这一开关，以免造成失误。

（7）扬声电话机（HA-d）

据CCITT（国际电报电话咨询委员会）对于这种电话机的定义，只对来话信号加以放大，通过扬声器发声；而讲话仍需使用手柄送话器。由于它不用拿起手柄就可以听到拨号音并完成全部拨号过程，所以国内有人称之为免提或半免提电话机。

扬声电话机可作为只听不讲的会议端使用，它只是在普通话机基础上增加了一套受话功率放大器，扬声器工作在单工方式状态，其音量可以做得较大。在电话接通率不高的情况下，使用扬声电话机进行免提拨号非常方便，可以提高办公效率。

（8）免提电话机（HA-D）

这种话机与扬声话机相比，无论讲话还是听话都不用拿起手柄，只需按一下"免提"键即可。

（9）无绳电话机

它由主机和副机两部分组成，使用时将主机接入市话网内，副机由用户随身携带，可在离主机二、三百米范围内的任何地方，利用副机收听和拨叫市话网内电话用户。

（10）多功能电话机

多功能电话机除了可作为普通按键电话机使用外，还具有如下新的服务功能：

1) 不摘机通话和拨号，2) 存储电话号码，3) 缩位拨号，4) 重发号码，5) 时钟服务，6) 闹钟服务，7) 计时服务，8) 计算服务。

以上只是介绍常用的一部分电话机。电话机的种类很多，而且还在不断发展。例如有扬声自动电话机、自动录音电话机、集团电话机以及各种功能奇特的电话机，用户可根据需要选用。

3.1.2 电话机的选择

首先，要选用与当地交换机制式相适应的话机。

（1）如果当地是程控电话局，用户应选双音频式按键电话机，便于用户使用程控电话的新功能。

（2）如果当地电话局是机电制交换机，用户可选用拨号盘式电话机或是脉冲式按键电话机。

（3）如果当地有程控电话局，也有机电制变换机。用户可以选用兼有双音频和脉冲式双重拨号功能的电话机。这种话机上有一个"P/T"开关,拨到"P"端,运用于机电制电话局,拨到"T"端,可使用双音频拨号方式。并且电话上须有邮电部门的"入网证"。

其次,对于多功能电话机,应根据自己的实际情况和需要来选择功能。

(1) 免提扬声功能——适合希望不拿听筒就能通话的需要(按免提键SPEAKER),也可多人共同接听来话。

(2) 液晶显示功能——适合经常使用长途直拨电话的用户,因为长途电话一次拨号的位数较多,容易拨错,有液晶显示则可避免拨错号码,对掌握通话时间也有好处。

(3) 录音应答功能——适用于工作繁忙,经常外出工作的用户使用。

(4) 电话号码存储功能——能节省拨号和查号的时间。

(5) 保密功能(PRIVACY)。

(6) 自动重拨功能(REDIAL)。

然后,对电话机的质量进行检查。

(1) 外观质量的检查——塑料外壳应光洁、无裂缝;放在桌面上平稳;摇动电话时不应有零件发出松动的声音,电话的叉簧和按键灵活,弹起自如,话机的线绳插口不应松动,线绳不应有老化变硬的现象。

(2) 声音检查——接通线路后,检查振铃声、发话声和受话声是否清晰,不应有尖锐的啸声和杂音。

(3) 功能检查——应对电话机的主要功能进行逐项检查。例如检查扬声器发出的音调是否有明显的失真情况等。最后,选择话机的外形和颜色,应考虑与使用环境协调。

3.1.3 电话机型号命名方法

我国电话机型号命名方法目前有两种,即邮电部关于电话机编号管理暂行办法和电子工业部的命名方法。

(1) 邮电部进网电话编号管理暂行办法

电话机的编号由四个部分组成,如图1-9所示,各部分的意义如下:

图1-9 电话机的编号组成

第1部分为品种类别,它由两个汉语拼音字母组成,具体规定如下:

　　HC——磁石式电话机　　　　HL——录音电话机
　　HG——共电式电话机　　　　HW——无绳电话机
　　HB——拨号盘式电话机　　　HT——投币电话机
　　HA——按键式电话机　　　　HK——磁卡电话机

第2部分为产品序号,原则上按厂家进网登记的顺序排列,由2～3位阿拉伯数字组成。

第3部分为外形序号,用圆括号中的罗马数字表示。

第4部分为功能,用英文字母表示,其规定如下:

　　P——脉冲拨号　　　　　　P/I——脉冲拨号与音频拨号兼容
　　T——双音频拨号　　　　　L——锁号功能
　　D——免提　　　　　　　　d——扬声功能
　　S——号码存储功能

举例：HA988（Ⅲ）P/T SD 多功能电话机。

(2) 电子工业部的型号命名方法

电话机的型号也由四部分组成，但含义不同，即为主体、分类、用途和序号。除序号用阿拉伯数字表示外，其余三部分均用简化代名汉语拼音的第一字母表示，当相互间有重复时，则取汉语拼音的第二个字母。

第 1 部分的主称都为 H，表示电话机。

第 2 部分的分类代号如表 1-2 所示。

电话机的分类代号　　　　　　　　表 1-2

名称	磁石	供电	自动	声力	扬声	调度
代号	C	G	Z	L	A	I

第 3 部分为用途代号，其规定如表 1-3 所示。

电话机的用途代号　　　　　　　　表 1-3

名　称	代　号	名　称	代　号	名　称	代　号
墙挂用	G	潜水用	S	农村用	N
携带用	X	矿用	K	专用	Z
防爆用	B	铁路用	L	无人管理	W
船舶用	C	企业用	Q		

第 4 部分为登记序号，用数字表示。

举例：Hex-3 型磁石式电话机

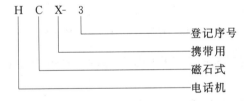

3.2　交　换　机

3.2.1　交换机的种类

电话交换机的发展经历了四大阶段，即人工制交换机、步进制交换机、纵横制交换机和存储程序控制交换机（简称程控交换机）。

电话交换机按其使用场合可分为两大类：一类是用于公用电话网的交换机；另一类是用户专用电话网的交换机，简称用户交换机，有时又称作小交换机。

用户交换机是机关团体、宾馆酒店、企业或事业单位内部进行电话交换的一种专用交换机。一般容量不大，少数大型企业可达 1 万门；自成系统，单位内部用户与外部之间的话务交换可通过少量的出入中继线实现。

目前广泛采用的是程控用户交换机。程控用户交换机按技术结构可以分为程控模拟交换机和程控数字交换机。属于程控模拟交换机的有空分（空间分割）式程控交换机和脉幅调制（PAM）的时分（时间分割）式交换机；属于程控数字交换机的有增量调制（DM）的时分式程控交换机和脉码调制（PCM）的时分式程控交换机。现在广泛采用的是程控数字交换机。程控是指控制方式，它的英文名称是：Stored Program Control（存储程序控制），简写为 SPC。它是把电子计算机的存储程序控制技术引入到电话交换设备中来。这种控制方式是预先把电话交换的功能编制成相应的程序（或称软件），并把这些程序和相关的数据都存入到存储器内。当用户呼叫时，由处理机根据程序所发出的指令来控制交换机的操作，以完成接续功能。采用这种控制方式的交换机称为程控交换机。

(1) 程控模拟交换机

这种交换机的基本组成如图 1-10 所示，它仍采用纵横制交换机的空分交换网络，但控制部分则用中央处理机进行集中控制，更确切地应称为程控空分制交换机。这是一种早期的程控交换机。

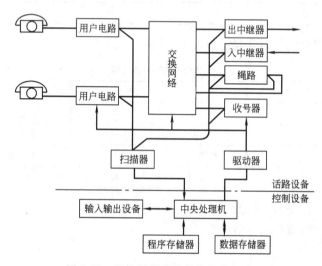

图 1-10 程控模拟交换机的基本组成

程控空分制交换机与纵横制交换机的工作原理有很多相似之处，但也有很大的不同，其主要不同点是：

1) 采用电子计算机作为控制设备，控制核心是中央处理机。由存放在存储器中的程序来控制交换接续和完成维护与管理功能，即所谓软件控制。

2) 设置扫描器和驱动器的控制接口设备。中央处理机通过扫描监视话路设备，以发现可能随时发生的摘机、收到拨号脉冲、挂机等信息。中央处理机还通过驱动器控制话路设备的动作，具体地说就是交换网络、用户电路、绳路等电路中的某些继电器或触发器，由中央处理机根据规定的程序控制，而不是由布线逻辑控制的。亦即，中央处理机通过扫描器收集话路设备的扫描信息，作为处理的依据，然后通过驱动器向话路设备发送驱动控制信息作为处理的结果，来控制话路设备的动作。

3) 两者的话路设备组成虽然相似，但纵横制交换机的记发器电路和功能比较复杂，而程控交换机中只要求向中央处理机转发拨号脉冲，其余工作都由处理机的软件来完成。因此，它使记发器的电路和功能大大简化，可将之作为话路设备的一部分，称为收号器。此外，程控空分交换机可根据需要设置专门的忙音器、振铃器等。

(2) 程控数字交换机

程控数字交换机简称数字交换机，它是 20 世纪 70 年代发展起来的新型交换机。它也采用了先进的程控技术，但经过交换机的信号是数字化的话音信号（PCM信号），因此，带来一些显著的特点。

程控数字交换机的基本组成如图1-11所示。在组成上它与纵横制交换机、程控空分制交换机一样，可分成话路设备和控制设备两大部分，但其中的电路和功能则有所不同。

图中用户电路除了具有其他交换机常有的各项常规功能（如向用户馈电、向用户振截铃、对用户进行测试、线路高压保护等）外，由于用户话机是模拟信号，所以必须具有编码/译码器，将模拟信号经过脉码调制和时分复用（PCM——TDM），汇合变成PCM数字话音信号进入交换网络，而且经过交换后应以逆过程转换还原为话音模拟信号。

3.2.2 程控用户交换机的选择

程控电话交换机在通信网中，起

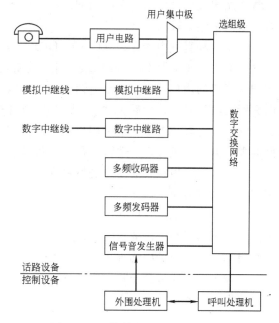

图 1-11 程控数字交换机的基本组成

着沟通网络、交换信息的中枢作用。因此设备的选择，对整个网络建设具有重要意义。对设备的选择要充分考虑用户在使用中的具体情况。目前，我国广泛采用程控用户交换机，按邮电部规定，将程控用户交换机的容量分成三类：

（1）小容量：250门以下；

（2）中容量：250～1000门；

（3）大容量：1000门以上。

程控用户交换机一般在2000门以下为宜。

程控用户交换机的选型应综合多种因素，并加以技术经济论证。对于总的选型原则，应满足以下几点：

（1）应符合邮电部《程控用户交换机接入市话网技术要求的暂行规定》和国家标准《专用电话网进入公用电话网的进网条件》（GB 433—1990）。

（2）应选用符合国家有关技术标准的定型产品，并执行有关通信设备国产化政策。

（3）同一城市或本地网内宜采用相同型号和国家推荐的某些型号的程控交换机，以简化接口，便于维修和管理。

（4）程控交换机应满足近期容量和功能的需要，还应考虑远期发展和逐步发展综合业务数字网（ISDN）的需要。

（5）程控交换机宜选用程控数字交换机，以数字链路进行传输，减少接口设备。

3.2.3 用户交换机与公用电话网连接方式

用户交换机除了单位用户相互通话外，还要接入公用电信网，亦即通过出、入中继线实现与公用电话网上的用户进行话务交换，为此一般采用用户交换机进网中继方式。中继方式的考虑因素主要是：交换机容量的大小、话务密切程度和接口局的设备制式等。由于中继方式涉及有关端口局、站，故中继方式设计必须与有关市话局单位讨论确定。

程控用户交换机作为公众电话网的终端设备与公众电话网相连，一般有以下三种连接方式（进网中继方式）：

（1）全自动直拨中继方式（DOD+DID）

这里 DOD（Direct Outward Dialling）为直接拨出，它分为两种形式，一种是 DOD1，即用户交换机的用户呼出至公众电话网时，可以直接拨号而不需经过话务台转换，用户呼出时只听一次拨号音，然后拨"9"或"0"等并连续拨出公众网被叫用户号码即可。另一种为 DOD2，它与 DOD1 区别是用户呼出时接到市话局的用户电路上，所以用户呼出至公众网时要听到二次拨号音，选听本机一次拨号音拨"9"或"0"，当选择到空闲中继线后听第二次拨号音（现在有的用户交换机在机内可消除从市话局送来的二次拨号音），然后连续拨出公众网被叫用户号码。

DID（Direct Inward Dialling）为直接拨入，就是从公众网呼入时可以直接呼叫到分机用户，也不需要经过话务台转换。

全自动直拨的两种中继方式：DOD1+DID 方式和 DOD2+DID 方式如图 1-12 所示。全自动直拨中继方式适合于较大容量（700~800 门以上）的用户交换机，一般 1000 门程控用户交换机具备这种入网方式。

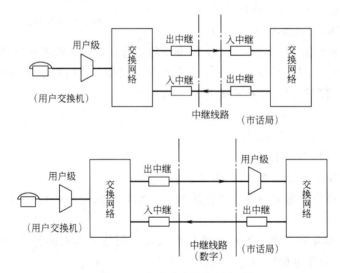

图 1-12　全自动直拨中继方式

（2）半自动直拨中继方式（DOD+BID）

当程控用户交换机的容量较小（几十门到几百门）或呼入话务量不很大（<40Er.）时，宜采用半自动直拨中继方式，即 BID（Board Inward Dialling，话务台拨入）方式。

采用 DID 直接拨入方式，用户交换机的分机号码要占用公众电话网的用户号码，因此在电话用户所选用设备和公众电话网号码资源紧张时，较多采用话务台拨入的方式。这种中继方式的特点是，呼出时接入市话局的用户级，听二次拨号音。呼入时经市话局的用户级接入到程控用户交换机的话务台，并向话务台送振铃信号，然后再由话务台转换到分机。根据进入公众网话务量的大小，可将进入公众网的局间中继线分为单向中继线和双向

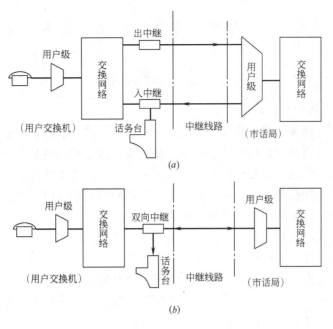

图 1-13 半自动直拨中继方式
(a) 双向中继线；(b) 单向中继线

中继线两类，如图 1-13 所示。

一般在话务量较大时采用单向中继线，只有在话务量很小时才考虑采用双向中继线。

(3) 混合自动直拨入网方式（DOD＋DID/BID）

混合自动直拨入网方式的混合指的是呼入时 DID 与 BID 的混合。有些容量较大的用户交换机，根据分机用户的性质，部分用户与公用网联系较多，而又有一定的数量，这部分用户可采用直接拨入方式，但这部分用户必须与公用网用户统一编号。另一部分分机用户与公用网联系较少，没有必要采用直接拨入方式，可以采用经话务台转接的方式，这样就可大量节省电话费用的支出。

混合自动直拨进网方式适于 1000 门以上大容量的用户交换机。3 级以上的旅馆、饭店及对于中继方式有特殊要求或容量较大的交换机，可采用混合进网中继方式，以增加中继系统连接的灵活性和可靠性。混合进网中继方式如图 1-14 所示。

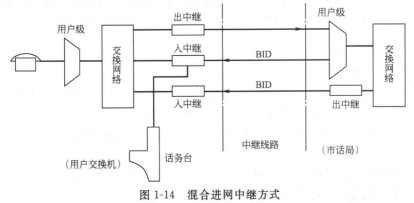

图 1-14 混合进网中继方式

课题 4　有线电话系统中的配线设备和线缆

4.1　配 线 设 备

4.1.1　板类的信息插座

面板类的信息插座安装与地面或者墙上，作为一个固定的信息采集点，应用于工作区布线子系统中，它由插座面板和线盒两个部分组成。线盒和一般工程中采用的形式完全相同，采用工程塑料制成，主要作用是固定面板和引线。面板是信息插座的关键部分，有多种类型，从插座的插孔的数量上区分为单孔、双孔和四孔的面板。从插座内安装的模块种类可以分为语音插座模块型和信息插座模块型。另外，也有语音和信息组合型的模块型的插座。面板通常采用工程塑料材料制成，带有防护门可以避免灰尘以及杂物进入插座内部。在插座的信息孔处有标识标签方便使用和管理。

线盒和插座在安装时分别进行，通常情况下线盒先于面板安装。为了不影响建筑结构工程的进度，有效地和其他工种的施工工作配合，线盒的安装是跟随着建筑结构的进行而同步进行，而面板则是与设备安装工程同步进行。

方形和圆形金属底板信息插座，为整体型结构，材料使用金属（通常材料是铜）安装于地面上，线盒部分埋设于地面内，面板带防护盖。平时不使用时防护盖关闭，灰尘和杂物不能进入插座内部，其平面和地面一样，如图 1-15 所示。使用时按下开关将插座弹出以供使用，俗称地弹簧型或地簧型插座。墙上安装的面板，使用的功能一样，只是插孔有些区别如图 1-16 和图 1-17 所示。安装面板内的语音模块和信息模块如图 1-18 和图 1-19 所示。

图 1-15　方形和圆形金属底板信息插座

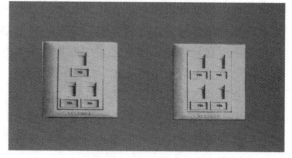

图 1-16　多功能双孔面板

4.1.2　接插件类元件

（1）插头（俗称水晶头）

插头是一个移动的信息采集设备，由于电话系统中的插头是由塑料材料制成，外观上透明，俗称水晶头。在插头的前端镶嵌的体片通常是镀金金属片，每一个金属片代表一个接点与插座对应构成一个回路。专业术语称每一片是一位，所以也就有 4 片、8 片等水晶头的称呼。

一个六位电话水晶头的外形如图 1-20 所示，一个带屏蔽的八位电话水晶头外形如图 1-21 所示，两者的区别在于后者有屏蔽功能。

图 1-17 多功能单孔墙上面板

图 1-18 安装面板内的语音模块

图 1-19 安装面板内的信息模块

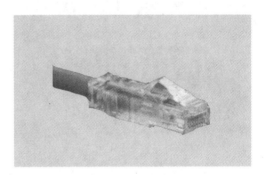

图 1-20 六位电话水晶头

（2）电话接线盒

电话接线盒实际上是一个将一个信号信号分成一个或多个信号采集点以及将两条信息线连接的装置。根据信号输入和输出的数量有一转二、一插二等多种型号如图 1-22～图 1-26 所示。

图 1-21 带屏蔽的八位电话水晶头

图 1-22 一转二电话插座

4.1.3 配线类设备

（1）配线架

配线架主要作用是提供语音数据线缆终端连接的设备，它可以装设于机柜内也可以独立安装。

常用的型号为 110 型跳线架如图 1-27 所示。在线架的上端和下端有线缆的接口，可以根据需要将上端和下端的线缆连接。在线架的中间有标识，可以方便调试和改变接线方式。

图 1-23　一插二电话插座　　　　　　　图 1-24　电话对接头

图 1-25　一插三电话插座　　　　　图 1-26　单口、双口、三口电话接线盒系统产品

有脚型与无脚型110配线架的外形带有固定脚的支架可直接安装在墙上，不带固定脚的支架安装在限制深度的框架或墙上如图1-28所示。

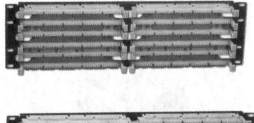

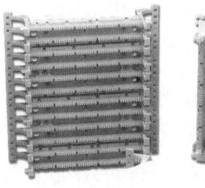

图 1-27　机架型100/200对跳线架的外形　　　图 1-28　有脚型与无脚型110配线架的外形

（2）连接块

连接块用于卡接式跳线架上，它主要作用是为通信设备端口和模块化配线架系列设备提供连接，与多线对打线工具和跳线配合使用。常用的产品有110型连接块，它置于110型卡接式跳线架上。有两种模块规格，分别为四对和五对的连接块，如图1-29和图1-30所示。模块的中间有彩色的标记，为安装和运行维护提供方便。

（3）理线槽

图1-29 110型四对连接块外形

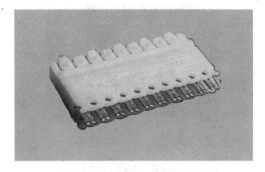
图1-30 110型五对连接块外形

理线器的作用是为了使线缆的布置更加合理。线缆压入理线器内，将防尘盖扣紧，遮挡纷乱的线缆。理线器通常安装在机柜内部的背板上，理线器的材质有两种。一种是优质钢板表面喷涂塑料，另一种是PC材料，它具有弹性好、强度高等优点。正常的理线器可以容纳24条4对双绞线，有些可以容纳41条。塑料理线器的外形如图1-31所示，在其槽内装入线缆，侧面设有孔可以直观的看到线的标记，理线器的背面贴标记为查线提供方便。

（4）机柜

为了管理、储存和保护网络设备不被损坏可将如光纤分线盒、理线器、背装架、过压保护排等设备置于一个柜内，称这个为机柜。

机柜一般采用冷轧钢板和金属框架制成，表面喷漆防锈。四面开门，前门由透明玻璃提供观察。侧门后门可以拆卸，方便柜内的设备安装和维护，柜内还设有电源和风扇降低柜内温度。如图1-32所示。

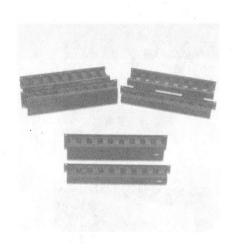
图1-31 理线器

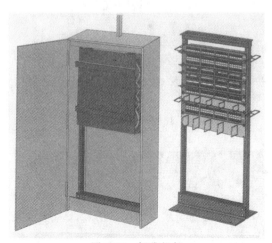
图1-32 标准机柜

（5）分线设备

分线设备是为线路分配而设置的装置，根据线缆的数量规格分类，体积小的称为分线盒、体积大的称为箱。分线箱内分线的数量多，分线盒内分线的数量少。

常用的几种分线箱的外形如图1-33～1-39所示，室外安装的分线箱是有防水措施的，

图 1-33　电话接线箱

图 1-34　多功能家庭信息接入箱

图 1-35　多功能接线箱

图 1-36　接线箱

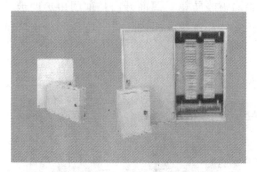

图 1-37　挂壁式室内配线箱

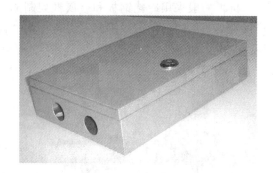

图 1-38　接线箱

图 1-39　挂壁式分线箱

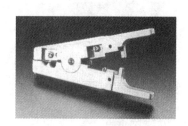

图 1-40　简易剥线器

用途：双绞线同轴电缆的剥掉绝缘外皮

线盒封闭，开盖处设有封闭的橡胶条，安装时特别注意不要将胶条损坏。另外根据室外的条件可以将防护的等级提高，例如防止气体等。室内的安装形式主要有两种，一种是嵌入到墙内安装，另一种是墙挂式明装。嵌入式安装时要考虑到和建筑结构施工的配合，明装的分线箱目前在民用建筑内比较少见，多用于工业建筑内。

（6）工具类

常用工具的外形和用途如图 1-40～1-44 所示。

图 1-41　晶头压线工具
用途：将水晶头上线压接

图 1-42　110 配线架专用压线工具

图 1-43　压线工具

图 1-44　网络测试仪

4.2　线　　缆

4.2.1　线缆的外形

（1）通信电缆类

通信电缆分为软线和硬线两种如图 1-45 和图 1-46 所示，软线适合于穿管敷设，而硬线适合于室外线路的敷设。芯数有二芯、四芯和八芯。另外还有电话的引入线，它适用于电话线路由室外引入到室内的线路。光纤跳线如图 1-47 所示，专用测试线如图 1-48 所示。

电话线的型号和有关规定见后面的内容。

（2）五类双绞线类

双绞线有屏蔽和非屏蔽等种类，电话系统中所使用的是非屏蔽双绞线，它的传输速率和带宽都比一般的电话线数值高，目前使用的较多。常用的 8/10/16/20/25 对室内通信线路的五类双绞线如图 1-49 所示。

图 1-45 二芯软质电话线
规格：HTVV2×7/0.12 2×7/0.10

图 1-46 二芯硬质电话线
规格：HTVV 2×1/0.5 2×1/0.4

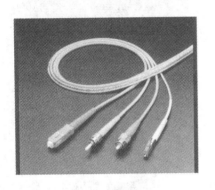
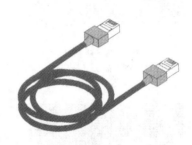

图 1-47 光纤跳线

图 1-48 110 专用测试线

（3）通信电缆

在城市内电话电缆采用的是通信电缆，它的对数较多，有 50、100、200 和 600 等对数，便于作为主干电缆使用。经常使用的 HYA 系列市话通信电缆如图 1-50 所示。

图 1-49 8/10/16/20/25 对室内通信线缆五类双绞线

图 1-50 HYA 系列市话通信电缆

4.2.2 主要电缆型号及名称的规定

（1）HYA—铜芯、实芯聚烯烃绝缘、铝塑综合护套市内通信电缆。

（2）HYAT—铜芯聚烯烃绝缘、石油膏填充、铝塑综合套市内通信电缆。

（3）HYAC—铜芯、实芯聚烯烃绝缘、铝塑综合护套、自承式市内通信电缆。

（4）HYA53—铜芯、实芯聚烯烃绝缘、铝塑综合护套、单层钢带铠装、聚乙烯外护套市内通信电缆。

（5）HYAT53—铜芯、实芯聚烯烃绝缘、石油膏填充、铝塑综合护套、单层钢带铠装、聚乙烯外护套市内通信电缆。

（6）HYV—铜芯、聚烯烃绝缘、聚氯乙烯护套市内通信电缆。

4.2.3 市话电缆用途

HYA型、HYAT型、HYAC型、HYPAT型、HYPA型和HYA53型 HYAT53型、HYPA53型、HYPAT53型电缆是为电话交换区、中继干线而设计的电话电缆，HYA、HYAT、HYPA和HYPAT主要用于管道铺设，也可用于架空，但需要吊线；HYAC只适用于架空，无需用吊线或挂钩；HYA53、HYPA53、HYPAT53型电缆提高了电缆的机械强度和防侵蚀能力，可采用任何一种方式铺设，更适用于岩石地区直埋铺设。使用温度均为−30~60℃。

课题5 设备安装和线缆的敷设

5.1 管路部分

（1）由于3分管管径过细，给日后维护工作造成极大困难，今后暗线工程不再采用3分管，最小采用4分（15mm）阻燃塑料管。

（2）从设立公共位置的分线盒或过路箱（导线箱、导线盒）至每套住宅出线盒应设独立塑料管。不应一管两户或多户使用。

（3）特别强调通信暗管暗线工程所用的塑料管管径冗余度应严格执行国家标准，特别是阻燃管径过细时，在穿放过程中会造成五类线缆电气性能的改变及给日后更换造成困难。

（4）市话外网入户电缆、综合布线光缆等，从入户手孔井至交接箱或设备间的引入管，都应各设有预备管，以备日后维护增容，预备管中备有铁线，塑料管两侧封闭，以防潮气进入箱体造成设备损坏。

（5）根据房屋结构和线路组成，超过20m和转弯过多时可考虑增加过路箱（盒），过路箱（盒）应设在楼宇公共处。

（6）管路应避开卫生间、厨房等管线复杂区域，以减少其他各种管线对我方管路的破坏。

（7）根据要求，应采用阻燃塑料管和铁管。

（8）住宅3层以下所有塑料管孔封闭。公企楼要求入户管封闭。

5.2 箱（盒）体部分

（1）根据要求，用户出线盒，过路盒距地面0.5m，分线箱、交接箱距地面1.2m（以箱、盒下边距地面为准），如遇土建方面特殊要求，以土建为准。

（2）住宅交接箱、分线盒不应设在单元一楼或地下室，以免冬季冷空气对流及潮湿引起设备损坏。住宅一楼、地下室线缆的引入可用过路箱解决。公企可根据实际情况确定分线盒交接箱位置。

(3) 接入网点直接配线区（无交接箱），可考虑使用热可塑套管式箱体。此箱体体积为800×300×150（高×宽×深）单位mm。将楼外进户电缆及各单元分接电缆热缩于此箱体中。

(4) 分线箱采用前面端子，后面灌树脂封闭端子，后面灌树脂封闭端子板分线箱，不采用旋转卡接分线盒，交接箱采用3M交接箱，分线盒、交接箱箱体铁板厚度不低于0.9mm。安装时，箱后用水泥沙浆填充满，以确保住户保温及箱体防潮。

(5) 分线盒、交接箱尺寸按国家标准或公司原有标准执行，过路盒（导线用）采用大、中、小三种，可根据不同情况使用，箱体体积如下：

大：190×130×90（高×宽×深，单位mm）

中：200×240×100（高×宽×深，单位mm）

小：400×500×150（高×宽×深，单位mm）

5.3 线路部分

(1) 入户线要求使用RVB-23×2×0.15塑料平行线，每户至少两条进户线，2个出线盒，办公区高级住宅可根据情况确定。

(2) 有弱电井楼宇，在弱电井中可设线缆明盒，井中线缆可用铁槽、铁管、塑料槽、塑料管加以保护，电缆井中应设有照明。

5.4 电话电缆与配管

常用的电话电缆型号为HYA或HYV，其中HYA型综合护层塑料绝缘市内电话电缆有关数据见表1-4。

HYA型综合护层塑料绝缘市内电话电缆　　　　表1-4

序号	型号及规格	电缆外径(mm)
1	HYA10×2×0.5	10
2	HYA20×2×0.5	13
3	HYA30×2×0.5	14
4	HYA50×2×0.5	17
5	HYA100×2×0.5	22
6	HYA200×2×0.5	30

钢管有厚、薄两种，一般管壁厚度在2mm以下的称为薄壁管；反之，管壁厚度在2mm以上的称为厚壁管。薄壁管的耐腐蚀性差，所以埋设在底层或焦渣层内的钢管均应采用厚壁钢管，并作好防腐蚀处理。

5.5 有线电话系统设备安装

5.5.1 设备之间的连接

所谓设备之间的连接是指配线柜、箱内的线架之间以及线架与交换机、光纤配线架之间的连接。同一个配线柜内线架之间的连接如图1-51所示，上排配线架和下排配线架使用跳线通过管理线架将其连接。采用管理线架的优点：可以在不改变主配线架接线的情况下，在管理线架上进行调整和标记。

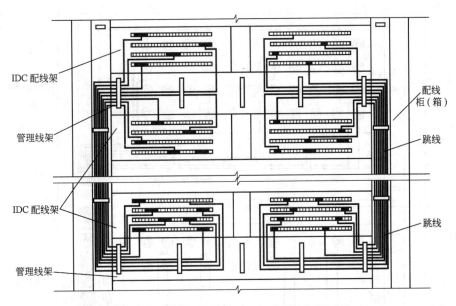

图 1-51 配线柜、箱内 IDC 配线架之间的连接

配线架与交换机之间的连接方式如图 1-52 所示，其特点是跳线的两端分别和线架、交换机连接。跳线的一端是压接在线架上的，而另一端则是要制成与交换机连接的专用接口，这时才能将它们连接起来。同样加入管理线架的目的也是为了管理和维护方便。柜内光纤交换机与光纤配线架之间的连接方式如图 1-53 所示，跳线是光纤，而且光纤的两端要制作成光纤的标准接口。某建筑光纤或者电话电缆引入建筑物内方式的平面图如图 1-54 所示，图左侧的三条线分别表示 400 对电话电缆或 8 芯光纤穿管径 80mm 的钢管引入建筑物内，还有一个备用的钢管。光纤或者电话电缆接入室内设备间的配线架，采用线槽的敷设方式引出到电气竖井内，并通过竖井完成室内垂直敷设线缆的目的。

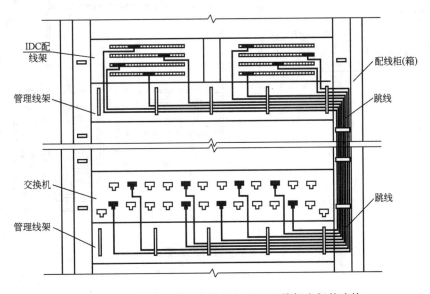

图 1-52 配线柜、箱内交换机与 IDC 配线架之间的连接

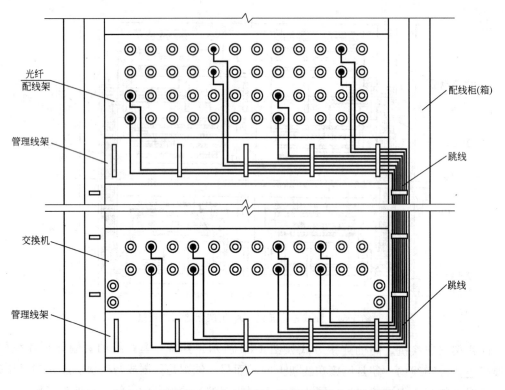

图 1-53 配线柜、箱内交换机与光纤配线架之间的连接

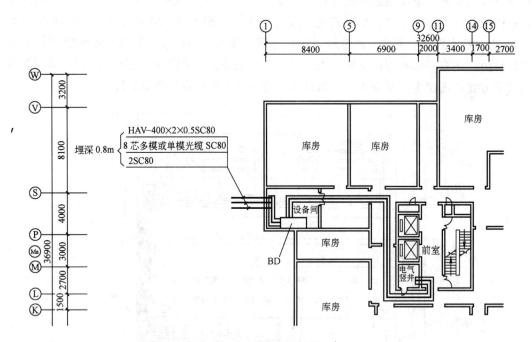

图 1-54 进户接线箱

说明：

设备间内安装计算机网络设备、配线设备 BD 等，这些设备安装在机柜中。

5.5.2 配线箱在不同的建筑结构的建筑物内的安装图
(1) 配线箱在钢筋混凝土墙上暗装如图 1-55 所示。

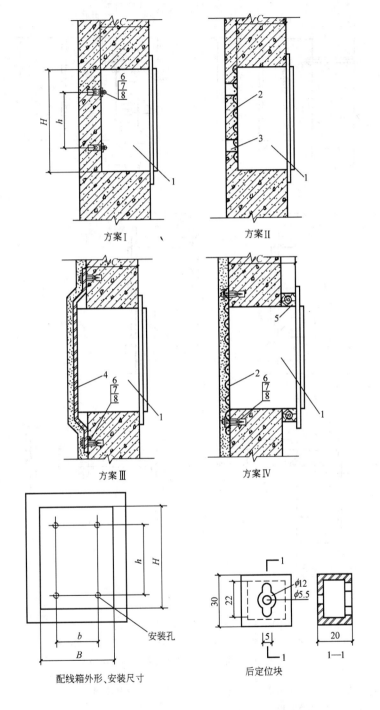

图 1-55 配线箱在钢筋混凝土墙上暗装
1—配线箱；2—钢丝网（箱体厚度超出墙厚度时采用）；3—后定位块；4—薄钢板；
5—木砖；6—半圆头木螺钉；7—塑料胀管；8—垫圈

（2）配线箱在空心砖墙上安装如图1-56所示。

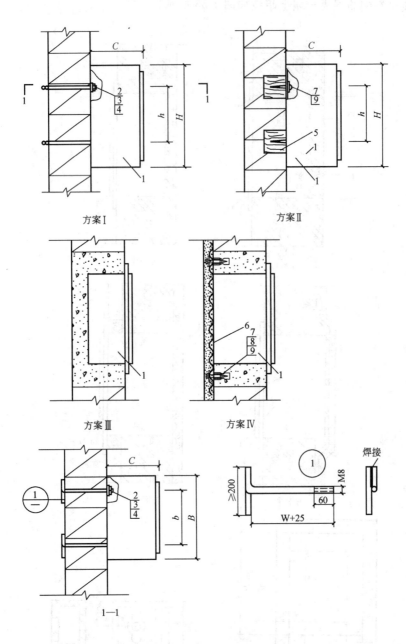

图1-56 配线箱在空心砖墙上安装
1—配线箱；2—螺栓；3—螺母；4—垫圈；5—木砖；6—钢丝网；
7—半圆头木螺钉；8—塑料胀管；9—垫圈

说明：1．配线箱外形尺寸 B、H、C，安装尺寸 b、h 由工程设计确定。

　　　2．W 为空心砖墙的厚度。

方案Ⅱ适用于小型较轻的配线箱安装。

（3）配线箱在墙上明装如图1-57所示。

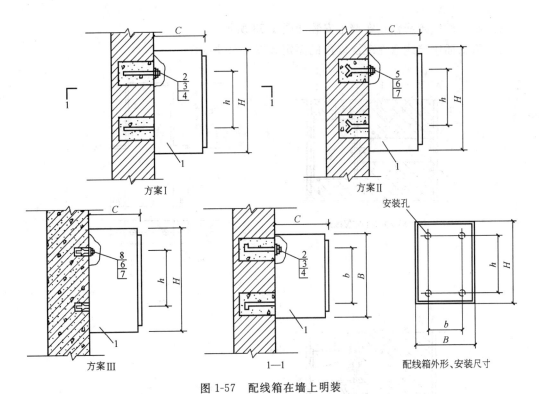

图 1-57 配线箱在墙上明装

1—配线箱；2—螺栓；3—螺母；4—垫圈；5—开脚螺栓；6—螺母；7—垫圈；8—膨胀螺栓

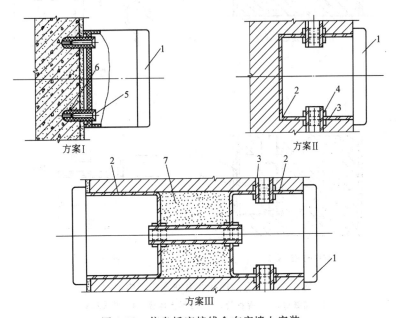

图 1-58 信息插座接线盒在实墙上安装

1—面板；2—接线盒；3—穿线管；4—护口；5—自攻螺钉；6—塑料胀；7—隔声填料

说明：1. 接线盒尺寸、穿线管大小及面板的选型由工程设计确定。

2. 方案Ⅰ适用于接线盒明装；方案Ⅱ适用于接线盒明装；方案Ⅲ适用于接线盒明装；

3. 塑料盒、铁盒均可参照此图施工。

31

(4) 信息插座接线盒在实墙上安装如图1-58所示。

(5) 信息插座接线盒在现浇墙内的固定如图1-59所示。

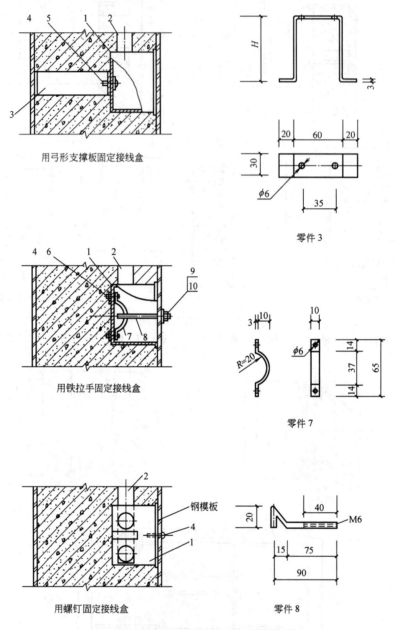

图1-59 信息插座接线盒在现浇墙内的固定
1—接线盒；2—保护管；3—弓形支撑板；4—圆头螺钉；
5—垫圈；6—螺母；7—铁拉手；8—钩形螺栓；
9—垫圈；10—螺母

说明：1. 大模板现浇混凝土墙体内接线盒的安装本设计提出三种方案，由施工单位选定
2. 图中 $H=$ 墙厚－（接线盒厚－4）。

(6) 保护管进配线箱做法如图1-60所示。

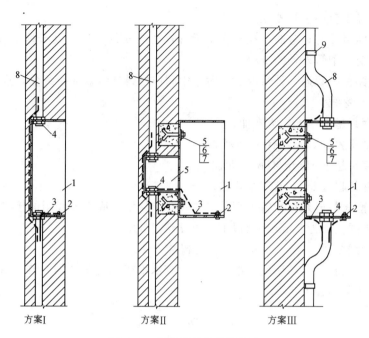

图 1-60 保护管进配线箱做法

1—配线箱；2—接地螺栓；3—接地线；4—护口；5—开脚螺栓；
6—螺母；7—垫圈；8—保护管；9—卡子

说明：1. 配线箱外形尺寸，安装尺寸由工程设计确定。
   2. 接地线与管子、铁质设备箱、接地螺栓必须焊接。
   3. 本图以铁质品为例，如选用塑质品管箱，管与箱可不用接地线连。
   4. 设备支架及安装零配件随设备外形尺寸的变化可由工程设计重新确定。

课题 6　管、线、槽安装施工方案

6.1　配管的一般规定

敷设在多尘或潮湿场所的电线保护管，管口及其连接处均应封闭。

当线路暗装配管时，线路保护管宜沿最近的线路敷设，并应减少弯曲，埋入建筑物、构筑物内的电线保护管，与建筑物、构筑物表面的距离不应小于 15mm，凿墙埋设的管路及盒体要满足保护层厚度要求并协助土建专业做好墙面防裂处理。

进入落地式配电箱的电线保护管，排列应整齐，管口宜高出配电箱基础面 50～80mm。

电线保护管不宜穿过设备或建筑物、构筑物的基础，当必须穿过时，应采取保护措施。

电线保护管的弯曲处，不应有折皱、凹陷和裂缝，且弯扁程度不应大于管外径的 10%。

电线保护管的弯曲半径应符合下列规定：

（1）当线路明配时，弯曲半径不应小于管外径的 6 倍，当两个接线盒间只有一个弯曲时,其弯曲半径不应小于管外径的4倍。

(2) 当线路暗配时,弯曲半径不应小于管外径的6倍,当埋设于地下或混凝土内时,其弯曲半径不应小于管外径的10倍。

(3) 当线路保护管遇下列情况之一时,中间应增设接线盒或拉线盒,且接线盒或拉线盒的位置应便于穿线。

1) 管长度每超过30m,无弯曲;
2) 管长度每超过20m,有一个弯曲;
3) 管长度每超过15m,有两个弯曲;
4) 管长度每超过8m,有三个弯曲。

(4) 垂直敷设的电线保护管下列情况之一时,应增设固定导线用的接线盒。

1) 管内导线截面为50mm^2及以下,长度超过30m;
2) 管内导线截面为70~95mm^2,长度超过20m。

(5) 水平或垂直敷设的明配电线保护管,其水平或垂直安装的允许偏差为1.5‰,全长偏差不应大于管内径的1/2。

6.2 钢管敷设

潮湿场所和直埋于地下电线保护管,应采用厚壁钢管或防液型可挠金属电线保护管。

钢管的内壁、外壁均应作防腐处理,当埋于混凝土内时,钢管外壁可不作防腐处理,采用镀锌钢管时,镀锌剥落处应涂防腐漆。

钢管不应有折扁和裂缝,管内应无铁屑和毛刺,切段口应平整,管口应光滑。

钢管的连接应符合下列要求:

(1) 采用螺纹连接时,管端螺纹长度不应小于管接头长度的1/2连接,其螺纹宜外露2~3扣,螺纹表面宜光滑,无缺损。

(2) 采用套管连接时,套管长度宜为管外径的1.5~3倍,管与管的对口处应位于套管的中心。套管采用焊接连接时,焊缝应牢固严密。

(3) 采用紧定螺钉连接时,螺钉应拧紧。在震动的场所,紧定螺钉应有防松动措施。

镀锌钢管应采用螺纹连接或套管紧定螺钉连接,不应采用熔焊连接。钢管连接处的管内表面应平整、光滑。

钢管与盒(箱)或设备的连接应符合下列要求:明配钢管与盒(箱)连接应采用锁紧螺母或护圈帽固定,锁紧螺母固定的管端螺纹宜外露锁紧螺母2~3扣。当钢管与设备直接连接时,应将钢管敷设到设备的接线盒内。钢管的接地连接应符合下列要求:镀锌钢管或可挠金属电线保护管的跨接接地线宜采用专用接地卡跨接,不应采用熔焊连接。

6.3 线槽敷设

要配合好装修工程施工,及时预留孔洞、埋设吊件,主体施工完成部位的孔洞要按设计要求进行钻凿,要在墙面的粉刷、油漆及壁纸完成后,方可进行线槽敷设及槽内配线,防止受到污染。

地面线槽、地面敷管时应及时与地面装修配合好。

线槽在吊顶内敷设时，如果吊顶无法上人时应留有检修孔。不允许将穿过墙壁的线槽与墙上的孔洞一起抹死。线槽经过建筑物的变形缝时，线槽本身应断开，槽内用内连接板搭接，不需固定，保护地线和槽内导线均应留有补偿余量。

线槽的敷设应符合下列要求：

（1）线槽应敷设在干燥和不易受机械损伤的场所。

（2）线槽的连接应连续无间断，每节线槽的固定点不应少于两个，在转角、分支处和端部均应有固定点，并应紧贴墙面固定。

（3）线槽接口应平直、严密，槽盖应齐全、平整、无翘角。

（4）固定或连接线槽的螺钉或其他紧固部件，紧固后其端部应与线槽内表面光滑相接。

（5）线槽的出线口应位置正确、光滑、无毛刺。

（6）线槽敷设应平直整齐，水平或垂直允许偏差为其长度的2‰，且全长允许偏差为20mm，并列安装时，槽盖应便于开启。

6.4 配线的一般规定

配线所采用的导线型号、规格应符合设计规定，配线的布置应符合设计规定。

压板或其他专用夹具，应与导线线芯规格相匹配；紧固件应拧紧到位，防松装置应齐全。

剖开导线绝缘层时，不应损伤芯线；芯线连接后，绝缘带应包缠均匀紧密，其绝缘长度不应低于导线原绝缘层的绝缘强度。

配线工程施工后，应进行各回路的绝缘检查，绝缘电阻值应符合现行国家标准《电气装置安装工程电气设备交接试验标准》的有关规定，并应做好记录。

配线工程结束后，保护地线连接应可靠。

6.5 管内穿线

对穿管敷设的绝缘导线，其额定电压不应低于500V。

管内穿线宜在建筑物抹灰、粉刷及地面工程结束后进行，穿线前应将电线保护管内的积水及杂物清除干净。

同一交流回路的导线应穿于同一钢管内。

导线在管内不应有接头和扭结。接头应设在接线盒（箱）内。

管内导线包括绝缘层在内的总截面积不应大于管子内空截面积的40%。

导线穿过钢管时，管口处应装设护线套保护导线，在不进入接线盒（箱）的垂直管口，穿入导线后应将管口密封。

综合布线系统中，SC15管内穿1或2颗线缆，SC20内穿3或4颗线，SC25内穿5或6颗线。穿线时不可用力太大、太猛，防止拉伤导线。

6.6 线槽配线

线槽应平整，无扭曲、变形，内壁应光滑、无毛刺。

金属线槽应经防腐处理。

线槽内导线的敷设应符合下列规定：

导线的规格和数量应符合设计规定，当设计无规定时包括绝缘层在内的导线总截面积不应大于线槽截面积的60%。

在可拆卸盖板的线槽内，包括绝缘层在内的导线接头处所有导线截面积之和，不应大于线槽截面积的75%；在不易拆卸盖板的线槽内，导线的接头应置于线槽的接线盒内。

金属线槽应可接地或接零，但不应作为设备的接地导线。

(1) 线缆敷设

线缆敷设一般应符合下列要求：

缆线布放前应核对规格、程式、路由及位置与设计规定相符。

缆线的布放应平直，不得产生扭绞、打圈等现象，不应受到外力的挤压和损伤。

缆线在布放前两端应贴有标签，以表明起始和终端位置，标签书写应清晰、端正和正确。

电源线、信号电缆、光缆及建筑物内其他弱电系统的缆线应分离布放。各缆线间的最小净距应符合设计要求。

缆线布放时应有冗余。有特殊要求的应按设计要求预留长度。

缆线的弯曲半径应符合下列规定：

布放缆线的牵引力，应小于缆线允许张力的80%。

缆线布放过程中为避免受力和扭曲，应制作合格的牵引端头，如采用机械牵引时，应根据缆线牵引的长度、布放环境、牵引力等因素选用集中牵引或分散牵引等方式。

配线设备机架安装要求：

采用下走线方式时，架底位置应与电缆上线孔相对应。

各直列垂直倾斜误差不应大于3mm，底座水平误差每平方米不应大于2mm。接线端子各种标志应齐全。

(2) 缆线的终端

缆线终端的一般要求：

缆线在终端前，必须检查标签颜色和数字含义，并按顺序终端。

缆线中间不得产生接头现象。

缆线终端处必须卡接牢固，接触良好。

缆线终端应符合设计和厂家安装手册要求。

对绞电缆与插接件连接应认准线号、线位色标，不得颠倒和错接。

6.7 线缆敷设方式的大样图

为了看清楚线缆的敷设方式选择了四种线缆敷设方式的大样图，线缆由配线箱采用穿塑料管或钢管沿吊顶内或在混凝土楼板内敷设方式的大样图如图1-61所示。重要的信息插座单独由电缆供应，非重要的信息插座可以串联使用。图1-62、图1-63的区别在于前者是采用线槽由配线架引至，不设检修口。后者只是在室内采用了线槽，线缆由配线架引至线槽。图1-64和前面的区别较大，在室内设置了一个分线箱，线缆经分线箱引出。这四种方式各自有其特点，对于设计者来说是从经济性、可靠性及使用的灵活性等方面来进行考虑选择的。

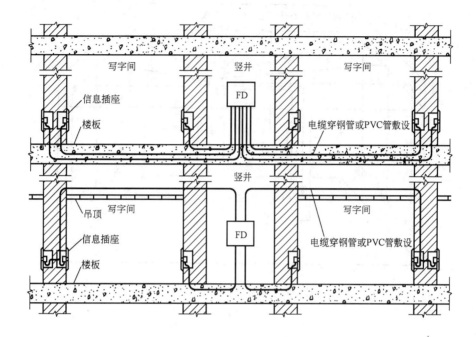

图 1-61 水平缆线敷设方式 1

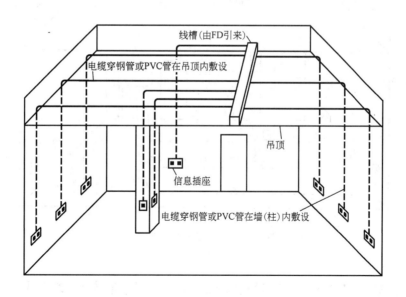

图 1-62 水平缆线敷设方式 2

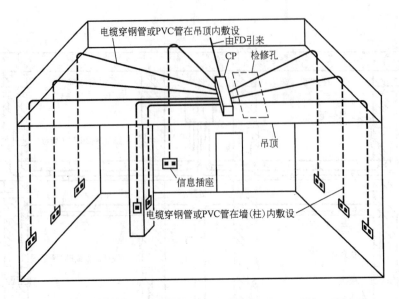

图 1-63　水平缆线敷设方式 3

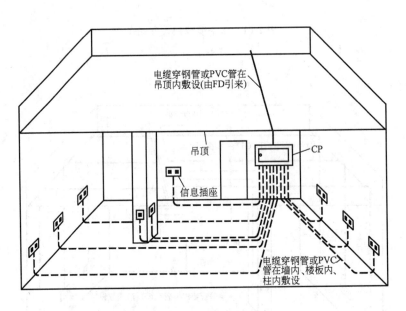

图 1-64　水平缆线敷设方式 4

课题 7　电话系统设计的过程和设备安装工程图

7.1　图例说明

设备安装工程图例说明见表 1-5。

设备安装工程图例说明　　　　　　表 1-5

图例	说明	图例	说明
	电话一般符号		电缆上方敷设防雷排流线
	拨号盘式自动电话机		电缆旁设置防雷消弧线
	按键电话机		电缆预留
	带扬声器的电话机		电信电缆的蛇形敷设
	导线、电缆、线路、传输通道一般符号		电缆充气点
	地下线路		母缆中间接线盒
	水下（海底）线路		电缆分支接线盒
	架空线路		电缆分支接线盒
	管道线路		接地装置 (1)有接地极 (2)无接地极
	电信线路上交流供电		按钮盒 (1)一般或保护型按钮盒示出一个按钮，示出两个按钮 (2)密闭型按钮盒 (3)防爆型按钮盒
	电信线路上直流供电		
	沿建筑物明敷设通信线路		
	沿建筑物暗敷设通信线路		
	向上配线		电缆交接间
	向下配线		架空交接箱
	穿过配线		落地交接箱
	电缆铺砖保护		壁龛交接箱
	电缆穿管保护		

7.2 工程设计过程

7.2.1 线路容量的计算

首先要做好建筑的通信业务预测工作。由于各种建筑的使用功能不同,对于通信业务的要求也有较大的区别,所以在设置通信线路时,需要考虑的因素也不同,电话分布密度的差别也较大。例如,高级宾馆每间客房均需设置电话,甚至还要考虑今后发展非电话业务(如用户电报、数据和图像等多功能终端设备),而住宅每套一般有2~3个房间,每户一般只设一个电话,今后非电话业务也不会太多,因此高级宾馆中的通信线路对数远比一般住宅、公寓多得多。

交换机容量的设计,首先确定内线数量,然后再由此确定中继线数(局线数)等的分配。

内线数的计算方法有多种,常见方法有:
(1) 按照所用电话机数计算;
(2) 按照建筑物面积计算;
(3) 按照人员数计算。

7.2.2 程控用户交换机的选择

对交换机的选择要充分考虑用户在使用中的具体情况。目前,我国广泛采用程控用户交换机,按邮电部规定,将程控用户交换机的容量分成三类:
(1) 小容量:250门以下;
(2) 中容量:250~1000门;
(3) 大容量:1000门以上。

程控用户交换机一般在2000门以下为宜。程控用户交换机的选型应综合多种因素,并加以技术经济论证。对于总的选型原则,应满足以下几点:

(1) 应符合邮电部《程控用户交换机接入市话网技术要求的暂行规定》和国家标准《专用电话网进入公用电话网的进网条件》(GB 433—1990)。

(2) 应选用符合国家有关技术标准的定型产品,并执行有关通信设备国产化政策。

(3) 同一城市或本地网内宜采用相同型号和国家推荐的某些型号的程控交换机,以简化接口,便于维修和管理。

(4) 程控交换机应满足近期容量和功能的需要,还应考虑远期发展和逐步发展综合业务数字网(ISDN)的需要。

(5) 程控交换机宜选用程控数字交换机,以数字链路进行传输,减少接口设备。

具体选型时,可着重考虑如下几点:

适用性;技术先进性;话务量的话务处理能力;可靠性和易维护性;符合进网要求。

7.2.3 电话通信线路的设计

(1) 电话通信线路的组成

电话通信线路从进屋管线一直到用户出线盒,一般由以下几部分组成如图1-65所示:

1) 引入(进户)电缆管路 又分地下进户和外墙进户两种方式。

2) 交接设备或总配线设备,它是引入电缆进屋后的终端设备,有设置与不设置用户交换机两种情况,如设置用户交换机,采用总配线箱或总配线架;如不设用户交换机,常

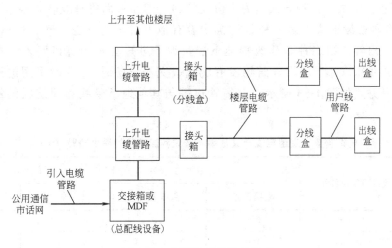

图 1-65 电话通信线路的组成

用交接箱或交接间。交接设备宜装在房屋的一、二层,如有地下室,且较干燥、通风,才可考虑设置在地下室。

3)上升电缆管路 有上升管路、上升房和竖井三种建筑类型。

4)楼层电缆管路

5)配线设备 如电缆接头箱、过路箱、分线盒、用户出线盒,是通信线路分支、中间检查、终端用设备。

(2)电话线路的进户管线设计

进户管线有两种方式,即地下进户和外墙进户。

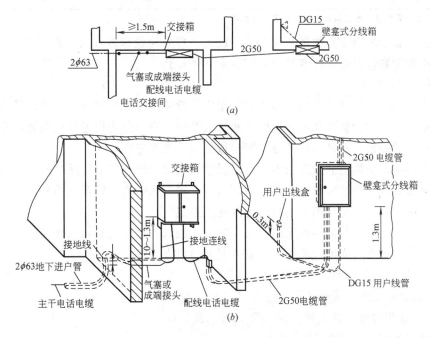

图 1-66 电话线路地下进户方式
(a) 底层平面图;(b) 立体图

1）地下进户方式　这种方式是为了市政管网美观要求而将管线转入地下。地下进户管线又分为两种敷设形式。第一种是建筑物设有地下层，地下进户管直接进入地下层，采用的是直进户管；第二种是建筑物地下层，地下进户管只能直接引入设在底层的配线设备间或分线箱（小型多层建筑物没有配线或交接设备时），这时采用的进户管为弯管。地下进户方式如图1-66所示。电缆管道等与其他地下管线和建筑物的最小距离如表1-6所示。

电缆管道、直埋电缆与其他地下管线和建筑物的最小净距（m）　　　　表1-6

其他地下管线及建筑物名称		平行净距		交叉净距	
		电缆管道	直埋电缆	电缆管道	直埋电缆
给水管	75～150mm	0.5	0.5	0.15	0.5
	200～400mm	1.0	1.0		
	400mm以上	1.5	1.5		
排水管		1.0	1.0	0.15	0.5
热力管		1.0	1.0	0.25	0.5
煤气管	压力≤300kPa	1.0	1.0	0.15	0.5
	300kPa＜压力≤800kPa			0.15	0.5
10kV以下电力电缆		0.5	0.5	0.5	0.5
建筑物的散水边缘			0.5		
建筑物(无散水时)			1.0		
建筑物基础		1.5			

注：在交叉处煤气管如有接口时，电缆管道应加包封。

地下进户管应埋出建筑物散水坡外1m以上，户外埋设深度在自然地坪下0.8m。当电话进线电缆对数较多时，建筑物户外应设人（手）孔。

2）外墙进户方式

这种方式是在建筑物第二层预埋进户管至配线设备间或配线箱（架）内。进户管应呈内高外低倾斜状，并做防水弯头，以防雨水进入管中。进户点应靠近配线设施，并尽量选在建筑物后面或侧面。这种方式适合于架空或挂墙的电缆进线。

在有用户电话交换机的建筑物内，一般设置配线架（箱）于电话站的配线室内；在不设用户交换机的较大型建筑物内，于首层或地下一层电话引入点设置电缆交接间，内置交接箱。配线架（箱）和交接箱是连接内外线的汇集点。

塔式的高层住宅建筑电话线路的引入位置，一般选在楼层电梯间或楼梯间附近，这样可以利用电梯间或楼梯间附近的空间或管线竖井敷设电话线路。

(3) 上升电缆管路设计

1）电话电缆配线方案的选择（图1-67、表1-7）

2）上升管路的建筑方式与安装（图1-68、表1-8）

(4) 楼层管路（水平管路）的布线

1）楼层管路的分布方式（图1-69、表1-9）

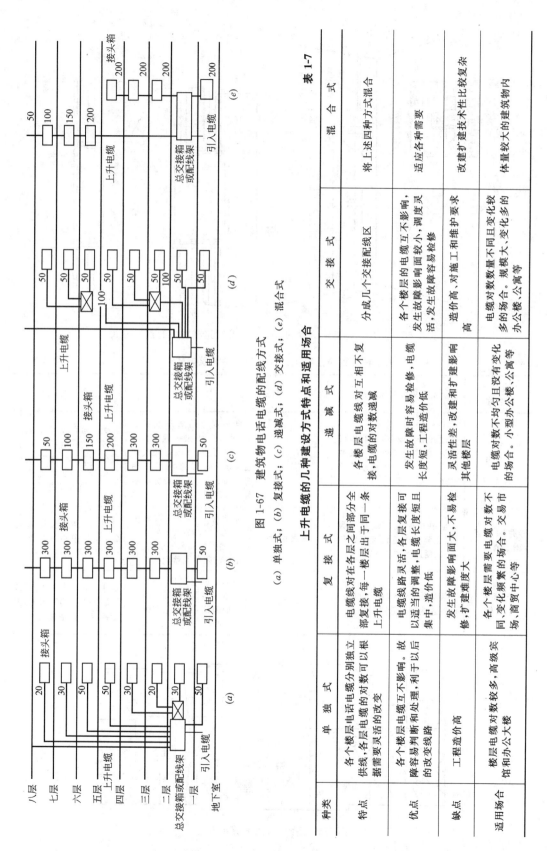

图 1-67 建筑物电话电缆的配线方式
(a) 单独式；(b) 复接式；(c) 递减式；(d) 交接式；(e) 混合式

上升电缆的几种建设方式特点和适用场合　　　　　表 1-7

种类	单 独 式	复 接 式	递 减 式	交 接 式	混 合 式
特点	各个楼层电话电缆分别独立供线，各层电缆的对数可以根据需要灵活改变	电缆线对在各层之间部分全部复接，每一层出于同一条上升电缆	各楼层电缆线对互不复接，电缆线对数逐减	分成几个交接线区	将上述四种方式混合
优点	各个楼层电缆互不影响。故障容易判断和处理，利于以后的改变线路	电缆线路灵活，各层复接可以适当的调整，电缆长度短，造价低	发生故障时容易检修，电缆线对互相不复接，电缆长度短，工程造价低	各个楼层故障影响面较小，发生故障容易检修	适应各种需要
缺点	工程造价高	发生故障影响面大，不易检修、扩建影响大	灵活性差，改建和扩建影响其他楼层	造价高，对施工和维护要求高	改建扩建技术性比较复杂
适用场合	楼层电缆对数较多、高级宾馆和重要办公大楼	各个楼层需要电缆对数不同、变化频繁的场合。交易市场、商贸中心等	电缆对数数量不均且没有变化的场合。小型办公楼、公寓等	电缆对数数量不同且变化多的场合。规模大、变化大的办公楼、公寓等	体量较大的建筑物内

43

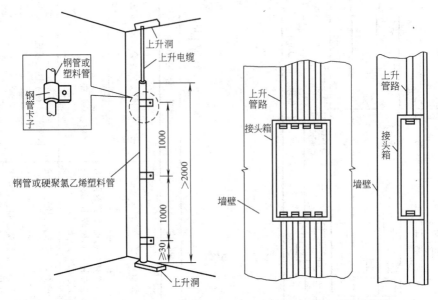

图 1-68 上升电缆直接敷设的方法及上升管路在墙内的敷设方式

暗敷管路系统上升部分的几种建筑方式　　　　　　　　　　　　表 1-8

上升部分的名称	是否装设配线设备	上升电缆条数	特　点	适用场合
上升房	设有配线设备,并有电缆接头,配线设备可以明装或暗装,上升房与各楼层管路连接	8条电缆以上	能适应今后用户发展变化,灵活性大,便于施工和维护,要占用从顶层到底层的连续统一位置的房间,占用房间面积较多,受到房屋建筑的限制因素较多	大型或特大型的高层房屋建筑;电话用户数较多而集中;用户发展变化较大,通信业务种类较多的房屋建筑
竖井(上升通槽或通道)	竖井内一般不设配线设备,在竖井附近设置配线设备,以便连接楼层管路	5~8条电缆	能适应今后用户发展变化,灵活性较大,便于施工和维护,占用房间面积较少,受房屋建筑的限制因素较少	中型的高层房屋建筑,电话用户发展较固定,变化不大的情况
上升管路（上升管）	管路附近设置配线设备,以便连接楼层管路	4条以下	基本能适应用户发展,不受房屋建筑面积限制,一般不占房间面积,施工和维护稍有不便	小型的高层房屋建筑(如塔楼),用户比较固定的高层住宅建筑

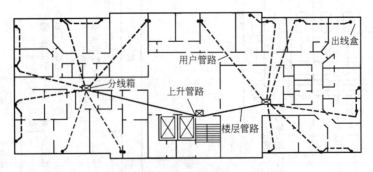

图 1-69 楼层管路的分布方式

楼层管路的分布方式　　　　　　　　　　　　　表 1-9

分布方式名称	特　点	优　缺　点	适 用 场 合
放射式分布方式	从上升管路或上升房分支出楼层管路，由楼层管路连通分线设备，以分线设备为中心，用户线管路作放射式的分布	1. 楼层管路长度短，弯曲次数少 2. 节约管路材料和电缆长度及工程投资 3. 用户线管路为斜穿的不规则走由，易与房屋建筑结构发生矛盾 4. 施工中容易发生敷设管路困难	1. 大型公共房屋建筑 2. 高层办公楼 3. 技术业务楼
格子形分布方式	楼层管路有规则地互相垂直形成有规律的格子形	1. 楼层管路长度长，弯曲次数较多 2. 能适应房屋建筑结构布局 3. 易于施工和安装管路及配线设备 4. 管路长度增加，设备也多，工程投资增加	1. 大型高层办公楼 2. 用户密度集中，要求较高，布置较固定的金融、贸易、机构办公用房 3. 楼层面积很大的办公楼
分支式分布方式	楼层管路较规则，有条理分布，一般互相垂直，斜穿敷设较少	1. 能适应房屋建筑结构布置，配合方便 2. 管路布置有规则性、使用灵活性、较易管理 3. 管路长度较长，弯曲角度大，次数多，对施工和维护不便 4. 管路长，弯曲多使工程造价增加	1. 大型高级宾馆 2. 高层住宅建筑 3. 高层办公大楼

2) 分线箱　分线箱是连接配线电缆和用户线的设备。在弱电竖井内装设的电话分线箱为明装挂墙方式。其他情况下电话分线箱大多为墙上暗装方式（壁龛线箱），以适应用户暗管的引入及美观要求。

分线箱均应编号，箱号编排宜与所在的楼层数一致，若同一层有几个分线箱，可以第一位为楼层号，然后按照从左到右的原则进行顺序编号。分线箱中的电缆线序号配置宜上层小，下层大。

3) 过路盒与用户出线盒　直线（水平或垂直）敷设电缆管和用户线管，长度超过 30m 应加装过路箱（盒），管路弯曲敷设两次也应加装过路箱（盒），以方便穿线施工。过路盒外形尺寸如图 1-70 所示。

墙壁式用户出线盒均暗装，底边距地宜为 300mm。用户出线盒规格可采用 86H50，其尺寸为 75mm（高）×75mm（宽）×50mm（深）。如图 1-71 所示。

7.3　电话站的机房的其他设计要求

7.3.1　电话站的供电设计

用户交换和所需的工作电源主要是直流电源。目前程控电话交换机用 48V 直流电（以往纵横制交换机用 60V 直流电）。为了供给交换机所需的直流电源，必须配备可将交流电源转换为直流电源的换流设备，目前多采用可控硅整流器及开关型整流器。

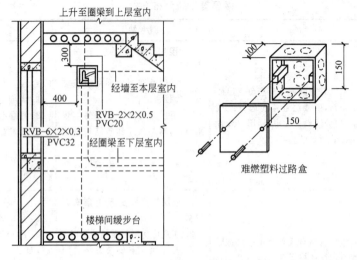

图 1-70 过路盒外形尺寸及分线盒安装图

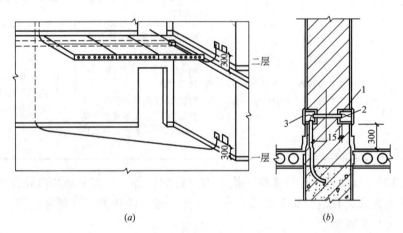

图 1-71 电话出线盒安装
(a) 安装示意图；(b) 局部剖面图
1—接线盒；2—塑料卡环；3—电话插座接板

由于对电话通信的不间断供电的要求，电话站一般需配备蓄电池，目前一般采用全密封免维护的铅酸蓄电池，与早先采用的固定式铅酸蓄电池相比，具有体积小，不需使用硫酸、没有腐蚀性酸雾及氢、氧气逸出，可将其与配电柜及交换机柜等设备安装在同一房间等优点。蓄电池的作用有两方面：一方面在换流设备直接供电时与换流设备并联工作，起平滑电压波动的作用；另一方面在换流设备停机（交流电源中断）时，保证一定时间的直流电源供给。

专网程控交换机供电方式大多采用浮充供电方式。供电系统由交流配电屏、整流器、直流配电屏、电池组成，机内电源系统包括 DC-DC 变换器和 DC-AC 逆变器，如图 1-72 所示。

7.3.2 电话站房的接地

(1) 大楼内程控用户交换机房接地设计要点

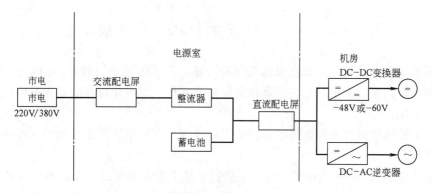

图1-72 专网程控交换机供电系统框图

1) 接地装置采用共用接地极。共用接地网应满足接触电阻、接触电压和跨步电压的要求。机房的保护接地采用三相五线制或单相三线制接地方式。

2) 一般情况下,最好在机房内围绕机房敷设环形接地母线,如图1-73所示。环形接地母线作为第二级节点,按一点接地的原则,程控交换机的机架和机箱的分配点为第三级节点,第四级节点是底盘或面板的接地分配点,第三级节点的接地引线直接焊接到环形接地母线上。与上述第三级节点绝缘的机房内各种电缆的金属外壳和不带电的金属部件,各种金属管道、金属门框、金属支架、走线架、滤波器等,均应以最短的距离与环形接地母线相连,环形接地母线与接地网多点相连。

3) 有条件的电话站还需设立直流地线,一般用120mm×0.35mm的紫铜带敷设而成。

4) 为了减少高频电阻,电话站内设备的接地引线要用铜导线。

(2) 接地电阻

关于接地电阻值,当各种接地装置分开装设时,由于各种不同型号程控交换机要求不一样,接地电阻按2~100Ω考虑。一般对2000门以下的程控交换机,接地电阻≤5Ω。当各种接地装置采用联合接地时,接地电阻等于1Ω。

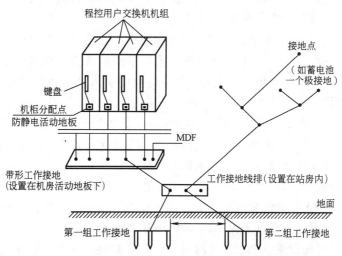

图1-73 程控交换机环形接地方式示意图

课题 8　工程设计方案和施工方案确定举例

电话配线系统是智能化小区通信的基础设施，它不但可满足住户对通信的多种需求、不断提高小区信息化水平，它还是提供通信向数字化、综合化过渡的必要条件（如综合业务数字网 N-ISDN）。

在对电话线数量没有特殊需要的情况下，建筑终期对电话线对数的需求按每住户 2 对电话线设计。

下面图中的 TP 表示为电话插座，其旁边的数字为各单元各层设计电话线的对数。电话线缆旁边的数字为电话电缆的对数，电话分线箱旁边的数字为电话分线箱的容量，电话线是以 HYV-2×0.5 型电话线进行标注的。

根据住宅楼的层数可将住宅楼分成多层住宅楼和高层住宅楼，在下面的举例中我们将多层住宅的层数定为 6 层，高层住宅的层数定为 18 层。

8.1　多层住宅电话配线系统的设计方案

多层住宅电话配线系统设计方案有四种，这四种设计方案中小区市话电缆从室外引入楼内方式相同，只是由室外电缆引入处电话分线箱至各住户电话插座线路的路径不同。

8.1.1　第一种设计方案（如图 1-74 第一列所示）

在各单元的各层均设置电话分线箱，室外电缆引入处设置一个 100 对电话分线箱，其他单元的一层设置一个 30 对电话分线箱，所有单元二层各设置一个 30 对电话分线箱，三层、四层各设置一个 20 对电话分线箱，五层、六层各设置一个 10 对电话分线箱。从室外电缆引入处电话分线箱引至每个单元一层电话分线箱一根 30 对电话电缆，一层电话分线箱引至二层电话分线箱一根 25 对电话电缆，二层电话分线箱引至三层电话分线箱一根 20 对电话电缆，三层电话分线箱引至四层电话分线箱一根 15 对电话电缆，四层电话分线箱引至五层电话分线箱一根 10 对电话电缆，五层电话分线箱引至六层电话分线箱一根 5 对电话电缆。再经各层电话分线箱将电话线分配至各住户的电话插。

8.1.2　第二种设计方案（如图 1-74 第二列所示）

在各单元的各层均设置电话分钱箱，室外电缆引入处设置一个 100 对电话分线箱，在其他单元的一层设置一个 30 对电话分线箱，所有单元的五层各设置一个 20 对电话分线箱，其他层各设置一个 10 对电话分线箱。从室外电缆引入处电话分线箱 5 至每个单元一层电话分线箱一根 30 对电话电缆，从各单元一层的电话分线箱引至五层电话分线箱一根 15 对电话电缆，从各单元一层的电话分线箱和五层的电话分线箱引至其他层的电话分线箱各一根 5 对电话电缆。再经各电话分线箱将电话线分配至各住户的电话插座上。

8.1.3　第三种设计方案（如图 1-74 第三列所示）

除室外电缆引入处设置一个 100 对电话分线箱外，其他各单元各楼层均不设置电话分线箱。从室外电缆引入处电话分线箱将电话线直接引至各住户的电话插座上。

8.1.4　第四种设计方案（如图 1-74 第四列所示）

在室外电缆引入处设置一个 100 对电话分线箱，其他单元的一层设置一个 30 对电话分线箱。从室外电缆引入处电话分线箱引至其他单元一层电话分钱箱各一根 30 对电话电

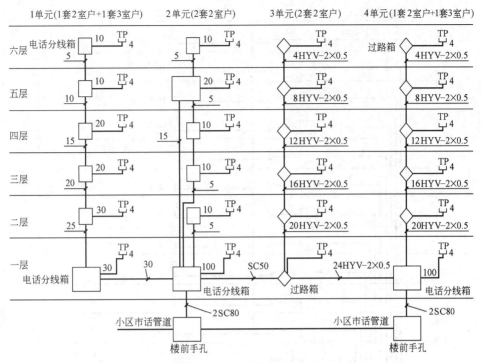

图 1-74 多层住宅电话配线系统图

缆,经各单元一层电话分线箱将电话线分配至各住户的电话插座上。

8.2 高层住宅电话配线系统的设计方案

高层住宅电话配线系统设计方案有三种,三种设计方案均在高层住宅楼一层(或地下一层)安排一间房间作为电缆交接间,在电缆交接间内安装本楼的电话电缆交接设备。电话分线箱和电话电缆均安装在弱电竖井内。

8.2.1 第一种设计方案

在一层(或地下一层)的电缆交接间内设置一套 800 对电话电缆交接设备,在各层弱电竖井内均设置一个 20 对的电话分线箱。从本楼的电话电缆交接设备分别引至各层电话分线箱一根 20 对电话电缆,经各层电话分线箱将电话线分配至各住户的电话插座上。高层住宅楼电话配线系统的第一种设计方案见图 1-75 高层住宅电话配线系统图(一)所示,图中准确数字由工程设计根据所需进线电话电缆数量及备用管数量确定。

8.2.2 第二种设计方案

在一层(或地下一层)的电缆交接间内设置一套 800 对电话电缆交接设备,在每五层(或每二层、每三层或每若干层,建议不超过五层)的弱电竖井内设置一个 100 对的电话分线箱,其他层弱电竖井内均设置一个 20 对的电话分线箱。从本楼的电话电缆交接设备分别引至五层、十一层、十六层电话分线箱各一根 100 对电话电缆,从五层、十一层、十六层电话分线箱及电缆交接间内的电话电缆交接设备分别引至其他层电话分线箱各一根 20 对电话电缆,再经各电话分线箱将电话线分配至各住户的电话插座上。高层住宅楼电话配线系统的第二种设计方案见图 1-76 高层住宅电话配线系统图(二)所示,图中 $n=2\sim$

49

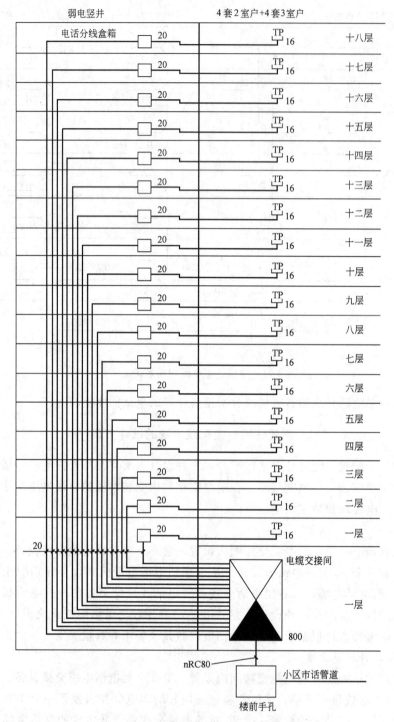

图1-75 高层住宅电话配线系统图（一）

6（准确数字由工程设计根据所需进线电话电缆数量及备用管数量确定）。

8.2.3 第三种设计方案

在一层（或地下一层）的电缆交接间内设置一套800对电话电缆交接设备，在每三层

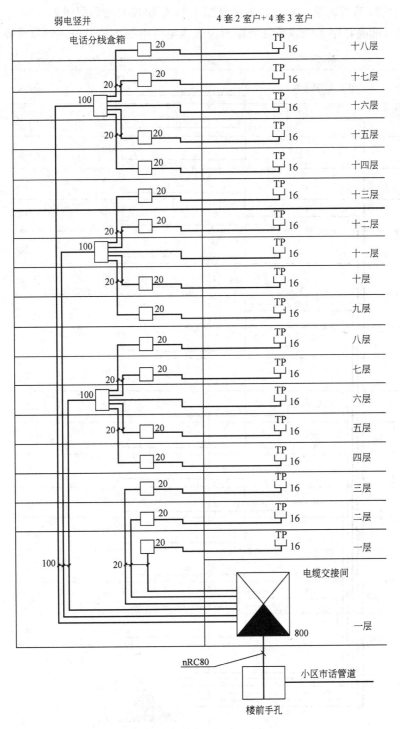

图 1-76 高层住宅电话配线系统图（二）

（或每二层、每四层或每若干层，建议不超过五层）的弱电竖井内设置一个 100 对的电话分线箱。从本楼的电话电缆交接设备分别引至这些 100 对电话分线箱各一根 80 对电话电缆，从这些 100 对电话分线箱分别将电话线分配至本层及上下层各住户的电话插座上。高层住宅楼电话配线系统的第三种设计方案见图 1-77 高层住宅电话配线系统图（三）所示，图中 $n=2\sim6$（准确数字由工程设计根据所需进线电话电缆数量及备用管数量确定）。

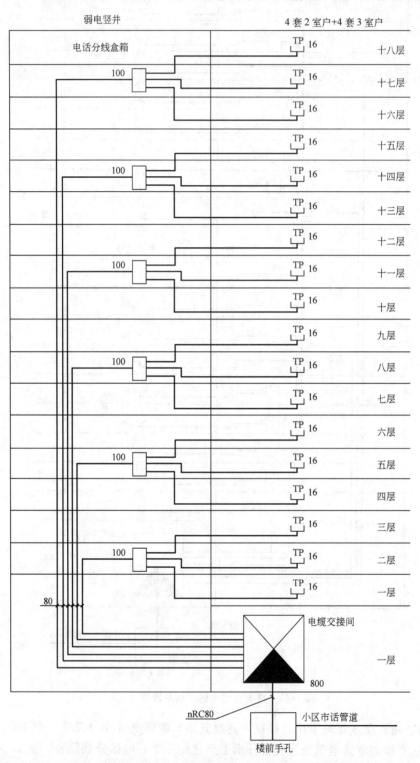

图 1-77 高层住宅电话配线系统图（三）

8.3 住宅楼电话配线及电缆交接间设计要求

住宅楼电话配线的要求主要是对电话电缆引入住宅楼及住宅楼电话暗配线方面的要求。电缆交接间的要求主要是对位置、面积、通风、配电、接地等的要求。

8.3.1 电话电缆引入住宅楼要求

多层住宅楼宜按2~3个单元（楼门洞）一处进线，高层住宅楼宜按一处进线。

（1）住宅楼必须建设从住宅楼外引入住宅楼内的地下电话支线管道、电话支线管道必须与小区电话主干管道连通。

（2）当由电话支线管道直接引入住宅楼分线箱时，通常在住宅楼外设置手孔。当由电缆交接间引出电话支线管道时，通常在住宅楼外设置人孔。

（3）电话支线管道的管孔数量应满足其相应服务内终期电话线对数的需要，且管孔数量不得少于2孔。由住宅楼内电缆交接间或分线箱引至住宅楼外人孔或手孔的电话支线管道必须采用镀钵钢管，镀钵钢管内径不应小于80mm，壁厚为4mm。电话支线管道的埋深不小于0.8m。

8.3.2 住宅楼电话暗配线要求

住宅楼电话暗配线系统是由弱电竖井、电话电缆暗敷设管道、电话线暗敷设管道、电话分线箱、过路箱、过路盒和电话插座组成。

（1）住宅楼内暗敷设管的数量和规格，应满足建筑物终期对电话线对数的需要。每套住宅电话线最少配备2对，如有特殊需要应另行增加。

（2）由电话分线箱（或过路箱或过路盒）至每个住户室内的电话线路不得经过其他住户室内的电话出线盒。

（3）每套住宅的起居室必须设置过路盒（或电话出线盒），其他房间设直通暗线时必须经过此过路盒（或电话出线盒）进行布线。其他房间设置非直通暗线时，另一端应接在过路盒（或电话出线盒）中。卫生间设置非直通暗线时，另一端应接在过路盒（或电话出线盒）中。

（4）电话电缆采用型号为HYV型（电缆）或型号为HYA型（铜芯聚乙烯绝缘涂敷铝带屏蔽聚乙烯护套市话电缆）、型号为HPVV型（铜芯聚氯乙烯绝缘聚氯乙烯护套配线电缆）线径0.5mm的电缆，电缆的终期电缆芯数利用率小于或等于80%。电话电缆穿保护管管径的要求如表1-10所示。

HYV型、HYA型、HPVV型电话电缆穿保护管最小管径一览表　　　　表1-10

保护管种类	保护管弯曲数	电缆对数												
		5	10	15	20	25	30	40	50	80	100	150	200	300	400
		最小管径(mm)													
电线管（TC）聚氯乙烯（PC）	直通	20		25			32		40		50	—	—	—	—
	一个弯曲时	25		32			40		50		—	—	—	—	—
	二个弯曲时	40			50		—	—	—	—	—	—	—	—	—
焊接钢管（SC）水煤气钢管（RC）	直通	15		20			25		32		40	50	70	80	
	一个弯曲时	20	25		32			40		50	70	80	100		
	二个弯曲时	32			40		50		60	70	80				

注：穿管长度30m及以下。

(5) 电话线采用 HYV-2×0.5mm 或 HPV-2×0.5mm、RVS-2×0.2mm、RVB-2×0.2mm 电线。由电话分线箱至电话插座间暗敷设电话线的保护管，可采用钢管（SC 或 RC）或电线管（TC）、硬质聚氯乙烯（PC）管。电话线穿保护管管径的要求如表 1-11 所示。在弱电竖井内可在线槽内敷设。

HYV 型、HPV 型、RVS 型、RVB 型电话线穿保护管最小管径一览表　　表 1-11

保护管种类	电话线规格型号	电话线穿管对数								
		1	2	3	4	5	6	7	8	9
		最小管径(mm)								
电线管(TC) 聚氯乙烯(PC)	HPV-2×0.5 RVB-2×0.2	16		20			25			32
	HYV-2×0.5 RVS-2×0.2					25		32		40
焊接钢管(SC) 水煤气钢管(RC)	HPV-2×0.5 RVB-2×0.2	15			15		20			25
	HYV-2×0.5 RVS-2×0.2					20			25	

(6) 有特殊屏蔽要求的电话电缆或电话线，应采用钢管作为保护管，且应将钢管接地。

(7) 电话分线箱应采用符合国际 GB 10754—89 标准的分线箱。

(8) 过路盒及电话出线盒内部尺寸不小于 86mm（长）×86mm（宽）×90mm（深）。电话出线盒上必须安装电话插座面板（符合 GB 10753—89 的规定），其型号为 SZX9-06。过路盒上必须安装尺寸与电话插座面板相同的盖板。

(9) 根据所安装的场所不同，电话插座类型可选防尘型或防水型。

(10) 电话分线箱及过路盒嵌入墙内安装时，其安装高度为底边距地面 0.5～1.4m。电话分线箱在弱电竖井内明装时，其安装高度为底边距地面 1.4m。

(11) 过路盒及电话出线盒安装高度为底边距地面 0.3m，卫生间内的电话出线盒安装高度为底边距地面 1.0～1.4m。

(12) 电话暗敷设管线与其他管线之间应保持必要的间距，其最小净距应符合表 1-12 的规定。

电话暗管线与其他管线的间距　　表 1-12

管线种类	最小平行净距(mm)	最小交叉净距(mm)	管线种类	最小平行净距(mm)	最小交叉净距(mm)
电力线路	150	50	热力管(不包封)	1500	500
压缩空气管	150	20	热力管(包封)	300	300
给水管	150	20	煤气管或天然气管 4	300	20

8.3.3 电缆交接间要求

住宅小区每 600～1000 户设置一处电缆交接间，该电缆交接间可称为小区电缆交接间。高层住宅可根据设计的需要，设置一个专为本建筑物服务的电缆交接间。

(1) 小区电缆交接间应靠近所服务范围的中心位置,一般设置在住宅楼的一层或地下一层,也可以与其他公共建筑合用。小区电缆交接间面积不应小于 $20m^2$,门窗应具备防火防撬功能。

高层住宅的电缆交接间一般设置在高层住宅楼的一层或地下一层,该电缆交接间面积一般为 $4m^2$ 左右,门窗应具备防火防撬功能。

(2) 电缆交接间室内应干燥并通风良好,要设置采暖、照明及电源插座等设施。小区电缆交接间内需安装一个配电箱,其容量按 10kW 配置。

(3) 电缆交接间应安装保护地线,单独设置接地体的保护地线接地电阻值应小于或等于 10Ω,采用联合接地体的保护地线接地电阻值应小于或等于 1Ω。

小　　结

电话系统的设备和线缆的安装是弱电系统中最有代表性的一个单元,在本单元中所介绍的设备和线缆安装的具体内容,如施工方法和施工工艺与后几个单元完全一样。在本单元中介绍的较为详细,后几个单元不重复介绍了。因此本单元中要加以重点介绍安装的内容。

思考题与习题

1-1　参照书中图 1-55、图 1-58、图 1-59 中信息插座接线盒的安装图,分别编写出它们的安装过程和安装时的注意事项。

1-2　参照图 1-66 用文字说明施工的过程。

1-3　上升电缆建设方案有哪几种方式?说明每种方式的特点和适用场合?

1-4　钢管敷设时钢管之间的钢管和箱、盒或设备连接时应该符合哪些具体要求?

1-5　配线设备机架安装时有哪些具体要求?

1-6　比较图 1-63 和图 1-64 说明两个方案之间的区别?并且分析设备和材料使用情况?若管线的型号相同,比较两个方案管线的数量多少?

单元 2 电缆电视系统

课题 1 电缆电视的基本组成及工作过程

1.1 电缆电视的基本组成

电缆电视系统一般由前端、干线传输和用户分配三个部分组成，如图 2-1 所示。前端部分主要包括电视接收天线、频道放大器、频率变换器、自播节目设备、卫星电视接收设备、导频信号发生器、调制器、混合器以及连接线缆等部件。

前端信号的来源一般由三种：接收无线电视台信号、卫星地面接收信号和各种自办节目信号。

电缆电视系统的前端主要作用是：

（1）将天线接收的各频道电视信号分别调整到一定的电平，然后经混合器后送入干线；

（2）必要时将电视信号变换成另一频道的信号，然后经混合器混合后送入干线；

（3）将卫星电视接收设备输出信号通过调制器变换成某一频道的电视信号送入混合器；

（4）自办节目信号通过调制器变换成某一频道的电视信号而送入混合器；

（5）若干线传输距离长（如大型系统），由于电缆对不同的频道信号的衰减不同等原因，故加入导频信号发生器，用以进行自动增益控制和自动斜率控制。

在图 2-1 中，对于接收无线电视信号的强信号，一般是在前端使用 V/V 频率变换器，将此频道的节目转换到另一频道上去，这样空中的强信号即使直接串入用户电视机也不会造成重影干扰，因为频道已经转换。如果要转换 UHF 频段的电视信号，一般采用 U/V 频率变换器将它转换到 VHF 频段的某个空闲频道上。但对于全频段的电缆电视系统，则不需要 U/V 变换器，可直接用

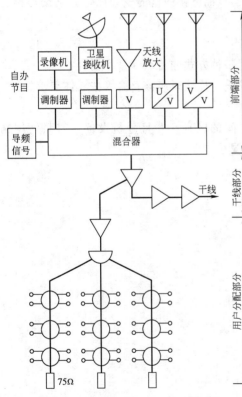

图 2-1 电缆电视的基本组成

UHF频道传送。

干线传输系统是把前端处理、混合后的电视信号，传输给用户分配网络的一系列传输设备。一般在较大型的电缆电视系统中才有干线部分。例如小区许多建筑物共用一个前端，自前端至各建筑物的传输部分成为干线。干线距离较长，为了保证末端信号有足够高的电平，需加入干线放大器以补偿电缆的衰减。电缆对信号的衰减基本上与信号频率的平方根成正比，故有时需加入均衡器以补偿干线部分的频谱特性，保证干线末端的各频道信号电平基本相同。对于单幢大楼或小型电缆电视系统，可以不包括干线部分，而直接由前端和用户分配网络组成。

用户分配网络部分是电缆电视的最后部分，主要包括放大器（宽带放大器等）、分配器、分支器、系统输出端以及电缆线路等，它的最终目的是向所有用户提供电平大致相等的优质电视信号。

1.2 电缆电视的工作过程

电缆电视系统中由天线接收下来的电视信号，通过同轴电缆送至到前端设备，前端设备将信号进行放大、混合，使其符合质量要求，再由一根同轴电缆将高质量的电视信号送至信号分配网络，于是信号就按分配网络设置路径，传送至系统内所有的终端插座上。信号传输如图2-2所示。

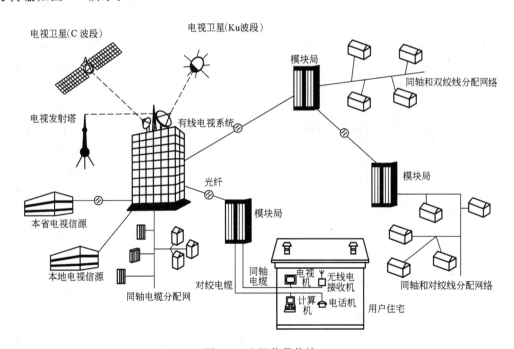

图 2-2 电视信号传输

这个系统的信号分配网络由一个二分配器和十个二分支器组成。由放大器送来的电视信号，通过二分配器平均分成两路，每路串接五个二分支器，每个二分支器有两个分支输出端与用户终端相连，因而可供二十台电视机使用。

课题2 电缆电视前端设备

电缆电视系统前端的主要作用是进行信号接收、调整电平、进行信号变换以及信号的放大等功能。电视信号经过前端设备的调整后,传到用户终端的信号质量好,使用户收看的电视节目非常清晰。由此可见电缆电视系统的前端是整个电缆电视系统的核心。因此对于从事电缆电视事业或者想对电缆电视系统有所了解的人们,了解电缆电视前端设备是必不可少的。所以以下几节将对前端设备进行介绍。

2.1 天 线

电缆电视系统常用的天线有四种:引向天线、对数周期天线、组合天线和卫星天线,但是随着我国卫星事业的飞速发展,卫星电视节目的不断丰富,人们还经常使用卫星接收天线来接收卫星上的电视节目,所以现在卫星接收天线已经是电缆电视系统不可缺少的前端天线。根据不同的使用功能、不同的使用场所选择不同的类型和尺寸天线。以下我们对不同的天线的功能及使用加以详细地介绍。

(1) 引向天线

引向天线也称八木天线和波导天线。图 2-3 是 VHF、UHF 波段最常用的一种方向性较强的天线。它是由一个有源振子即馈电振子和若干个无源振子组成,所有的振子都平行的配置在同一个平面上,其中心用一金属杆固定。由源振子可以是一个基本半波振子,用以辐射电波,称为辐射体;无源振子根据其作用可分为反射体和引向体两种,比有源振子长的振子为反射体,比有源振子短的振子为引向体,反射体与最远的一根引向体之间的距离称为天线长度。

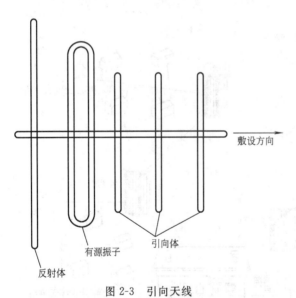

图 2-3 引向天线

在引向天线中,各无源振子虽不直接馈电,但在有源振子的作用下,会产生感应电势和电流,其幅度及相位和无源振子与有源振子的距离有关,还和无源振子的长度有关。因为当振子间距离不同时,电波走过的路径也不同,就会形成不同的波程差。当无源振子的长度不同时,呈现的阻抗也不同。适当的选择反射体的长度和它到有源振子的距离,可以使反射体和有源振子产生的电磁场在反射体后方互相抵消,而在前方(主方向)相加。适当的选择引向体的长度和它到有源振子的距离,可以使引向体和有源振子在主方向上产生的电磁场相加。由辐射体辐射的电波,经反射体反射和引向体引向后,将沿着引向体所在的方向形成单方向辐射。

(2) 对数周期天线

对数周期天线是一种优良的电特性的宽频带天线，它的最高工作频率可以是最低工作频率的十倍左右，一般使用在六倍左右。从理论上分析，在工作频段内它的输入阻抗、方向图形、增益系数等主要参数几乎与频率无关。这种天线的电特性以一定的周期重复变化，其周期与工作频率的对数有关，因此具有架设较容易、费用较低、占地较少等优点，因此在电视接收中得到广泛的应用。

对数周期天线的工作原理和引向天线相似。它由谐振器和反射器、引向器三部分组成，以实现天线的单方向辐射性能。图2-4是对数周期天线示意图。

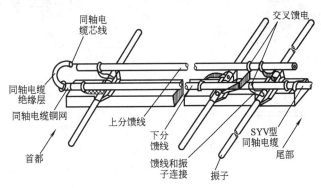

图 2-4　对数周期天线与馈线的连接

(3) 组合天线

为了进一步提高天线的方向性和增益，可利用几副多单元天线组成组合天线，也称天线阵。

天线的排列方法有两种，一种为水平排列，即天线按相等的间隔在水平线上（左右）上排列，通常称为"列"；另一种为垂直排列，即天线按相等的距离在垂直线（上下）上排列，通常称为"层"。

将四个半波振子天线按左右等距离排成一列，各振子中心相距为1/2波长，并且同相等电源馈电。这一列天线的水平面方向图和垂直面方向图如图2-5所示。

(4) 卫星接收天线

卫星天线的作用是将反射面内收集到的经卫星转发的电磁波聚集到馈源口，形成适合于波导传输的电磁波，然后送给高

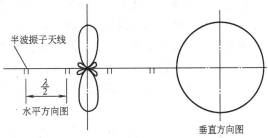

图 2-5　组合天线

频头进行处理。接收天线，顾名思义，它只作为接收信号的单一功能。接收天线按其馈电方式不同分为两大类：抛物面天线（前馈式）和卡塞格伦（后馈式）天线，如图2-6所示。接收天线按其反射面构成材料来分，又可分为铝合金的、铸铝的、玻璃钢的、铁皮的和铝合金网状四种。目前，铝合金板材加工成的反射面的天线，其性能最好，使用寿命也长；铸铝反射面的天线，尽管成本有所降低，但是反射面的光洁度不高，天线效率低，性能要低于铝合金反射面的天线；玻璃钢反射面的天线，成本也低，但反射面的镀层容易脱

落，使用寿命不长；铁皮反射面的天线，其成本最低，但容易生锈腐蚀，使用寿命最短；铝合金网状天线，其效率均不如前面的板状天线，但由于重量轻、价格低、风阻小以及架设容易，较适合于多风、多雨雪等场所采用。

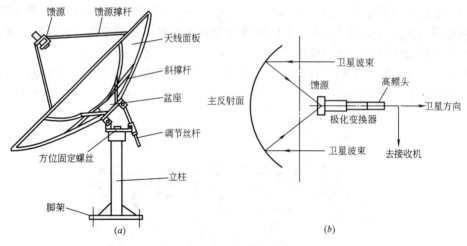

图 2-6 卫星接收天线
(a) 结构图；(b) 剖面图

2.2 天线的安装

2.2.1 天线的安装位置的选择

正确选择接收天线的架设位置，是使系统取得一定信号电平及良好信噪比的关键。在实际工作过程中，首先应对当地接收情况有所了解，可用带图像的场强计如 APM—741FM（用 LFC 型或同类型场强计亦可）进行信号场强测量及图像信号分析，以信号电平及接收图像信号质量最佳处为接收天线安装的位置，并将天线方向固定在最高场强方向上，完成初安装、调试工作，有时由于接受环境比较恶劣，要接收的某频道信号存在重影、干扰及场强较低的情况，此时应在一定的范围内实际选点，以求最佳接收效果，选择该频道天线的最佳安装位置。在具体选择天线安装位置时，主要应注意如下几点：

(1) 天线与发射台之间不要有高山、高楼等障碍物，以免造成绕射损失。

(2) 天线可架设在山顶或高大建筑物上，以提高天线的实际高度，也有利于避开干扰源。

(3) 要保证接收地点有足够的场强和良好的信噪比，要细致了解周围环境，避开干扰源。接收地点的场强应该大于 $46dB\mu V$，信噪比 40dB。

(4) 尽量缩小馈线长度，避免拐弯，以减少信号损失。

(5) 天线位置（一般也是机房位置）应尽量选用在本电缆电视系统的中心位置，以方便信号的传输。

2.2.2 天线基座和竖杆的安装

天线的固定底座有两种形式，一种由 12mm 和 6mm 厚钢板做肋板，同天线竖杆装配焊接而成，另一种是钢板和槽钢焊接成底座，天线竖杆与底座用螺栓紧固。如图 2-7 所示。

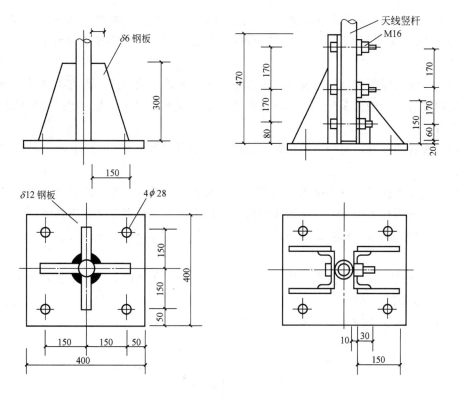

图 2-7 天线的安装示意图

  天线竖杆底座是用地脚螺栓固定在底座下的混凝体基座上。在土建工程浇筑混凝土屋面时，应在事先选好的天线位置浇筑混凝土基座，在浇筑基座的同时应在天线基座边沿适当位置上预埋几根电缆导入管（装几副天线就预埋几根），导入管上端应处理成防水弯或者使用防水弯头，并将暗设接地圆钢敷设好一同埋入基座内，如图 2-8 在浇灌水泥底座的同时，应在距底座中心 3m 的半径上每隔 120°处预埋三个拉耳环（地锚），以便紧固钢丝拉绳用。为避免钢丝拉绳对天线接收性能的影响，每隔小于 1/4 最高接收频道的波长处串入一个绝缘子（即拉绳瓷绝缘子）以绝缘。拉绳和拉耳环之间用法兰螺丝连接，并用它来调节拉绳的松紧。拉绳与竖杆的角度一般在 30°～45°。此外，在水泥底座沿适当的距离预埋若干防水型弯管，以便穿进接收天线的引入电缆。

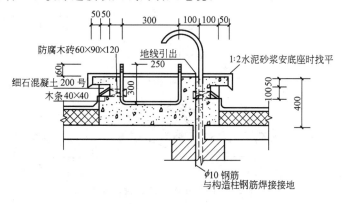

图 2-8 天线的基础条件

当接收信号源多,且不在同一方向上时,则需采用多副接收天线。根据接收点环境条件等,接收天线可同杆安装或多杆安装。为了合理架设天线,应注意以下事项:

(1) 天线与屋顶表面平行安装,最低层天线与基础平面的最小垂直距离不小于天线的最长工作波长,一般为 3.5~4.5m,否则会因地面对电磁波的反射,使接收信号产生严重的重影等。

(2) 多杆架设时,同一方向的两杆天线支架横向间距应在 5m 以上,或前后间距应在 10m 以上。

(3) 接收不同信号的两副天线叠层架设,两天线间的垂直距离应大于或等于半个工作波长;在同一横杆上架设,两副天线的横向距离也应大于或等于半个工作波长。

(4) 多副同杆天线架设,一般将高频道天线架设在上层,低频道天线架设在下层。

(5) 因开路电视信号有垂直极化和水平极化两种,天线的架设应使接收天线极化和空收电波极化方式相一致。

同杆多副天线架设示意图如图 2-9 所示。

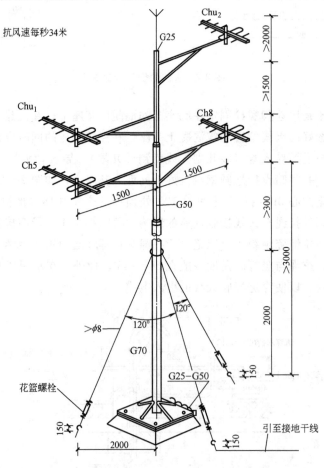

图 2-9 同杆多副天线架设示意图

2.3 高频头

高频头又称"室外单元"或低噪声下变频器，作用是对来自馈源的微弱信号进行低噪声宽带放大、下变频和中频放大，使信号变频到 950~1450MHz 频段后放大输出，通过同轴电缆送至室内卫星接收机。高频头输出频率都是 950~1450MHz，以便于接收机对 C/Ku 频段都兼容。高频头属于微波器件，但由于工作在室外，环境条件恶劣，因此在结构上采用良好的密封和防腐、防雷等处理措施。高频头的性能主要要求尽可能低的噪声温度、高可靠性和稳定性等。现在普遍使用的高频头有 C 波段高频头和 Ku 波段高频头。

C 波段高频头一般是接收 3.7~4.2GHz 信号，但有些节目发射频率是 3.4~3.7GHz，因此可选择的频率为 3.4~3.7GHz 的 C 波段高频头。各个卫星 Ku 波段转发器频率有 10.70~11.70GHz、11.70~12.20GHz、11.70~12.75GHz 几种，在接收多个卫星节目的地方，应选择宽带高频头，它有 4 个输出口，分别对应以下 4 段输入：10.70~11.70GHz 水平极化、10.70~11.70GHz 垂直极化、11.70~12.75GHz 水平极化、11.70~12.75GHz 垂直极化。多数 Ku 高频头靠控制卫星接收机的 13/18V 电压开关或者 0/22kHz 脉冲切换开关来调整输入频段，13/18V 电压或者 0/22kHz 脉冲分别对应 10.70~11.70GHz、11.70~12.75GHz 的频率范围。

专门用于接收数字压缩节目的数字式高频头，比常用高频头有更低的相位噪声、更高频率稳定度的本振频率。Ku 波段的高频头的内部电路和 C 波段的高频头不同，输入端口尺寸也要小得多，它的噪声比较大，噪声系数在 0.5~0.8dB 之间，而 C 波段高频头噪声温度才 17~25K。

2.4 前端的其他设备

前端还有些其他成套设备，他们分别装设在机柜内，一般情况下不必再次进行安装。这些设备分别为：

2.4.1 功率分配器

功率分配器，它将输入信号的功率分成相等或不相等的几路信号功率输出。当同一个卫星发射多套节目时，在有线电视系统中多频道同时接收就要使用功率分配器，从理论上讲，可以做成任意路数的分配器，但在平面微带电路中一般只做成基本的两路功率分配器。多路输出的功率分配器可用数个两路功率分配器级联而成。功率分配器有无源和有源的两种。又可以按路数分二路功率分配器和四路功率分配器。

2.4.2 卫星接收机

卫星电视接收机可接收 C、KU 等波段的卫星信号，安装于室内。一般卫星接收机在同一时间只能输出一套节目。它包括：选台解调部分、视频信号处理部分、伴音信号处理部分。它的主要功能是将来自高频头的输出的微弱的第一中频信号，经 20~30m 同轴电缆输入到卫星接收机进行低噪声放大、变频和解调处理后，输出全电视基带信号。

2.4.3 解调器

输入口是射频电视信号，输出信号包括视频、音频、中频三种信号。如果与电视调制器配合，可完成信号处理器功能；如果与中频调制器配合，可将空间电视信号在中频上进行处理。

2.4.4 调制器

调制器是有线电视系统中将视频信号、音频信号按照电视广播的标准调制成能够在系统中传输的高频信号。即采用的适于开路地面电视广播的同样的调制方式，对视频信号进行残留边带调幅，对伴音信号进行调频，直接与录像机、VCD、DVD、卫星接收装置等配合使用。

2.4.5 混合器

在电缆电视系统中，为了提高信号电平或者接收不同频道和不同方向的电视信号，往往需要用几副天线。有时不仅接收电视台的信号，而且还要传送自己制作的节目。将不同输入端的信号混合在一起的器件称为混合器。混合器有许多种，常用的有三种。一种是由高通和低通滤波器构成的混合器。第二种是带通滤波器构成的混合器。第三种混合器没有严格的频率限制，只把不同的输入端信号混合在一起，这种混合器各输入端之间有一定的隔离度，但主要用于匹配。

使用混合器可以消除因不同天线接收同一信号而互相叠加所产生的重影现象。对于由高通滤波器和低通滤波器构成的混合器，以及由带通滤波器构成的混合器，他们都有滤除干扰杂波的作用，因而具有一定的干扰能力。

2.4.6 放大器

放大器是电缆电视系统中的重要部件。大致有三种情况需要使用放大器：其一是在信号较弱的边缘地区，用来提高信号电平减少杂波。对这类放大器要求灵敏度高，本机噪声小。其二是天线接收下来的信号虽然较强，但是用户较多，需要补偿分配器、分支器以及电缆线的损耗。对这类放大器要求有较高的输出电平。其三是远距离传送电视信号时，用放大器补偿传输电缆线损失。

电缆电视系统放大器的分类和名称没有统一的规定。在此介绍几种常见的分类方法和放大器的名称。按照使用位置分类：在接收天线之后共用电缆电视系统前端使用的放大器，常称为天线放大器或前置放大器。在系统中间使用的放大器称为线路放大器和干线放大器。

按照使用频道分类：从使用频率范围来分，放大器可分为宽频带式和单频道专用式两种。单频道专用放大器简称频道放大器，它只是放大一个频道的电视信号，其工作频率范围应按所放大的具体频道而定。宽频带放大器简称宽带放大器。在宽带放大器中又可分为：VHF 低频道（1～5 频道）宽带放大器；VHF 高频道（6～12 频道）宽带放大器；VHF（1～12 频道）宽带放大器（也叫 VHF 全频道放大器或 V 型放大器）；UHF（13～68 频道）宽带放大器（也叫 UHF 全频道放大器和 U 型放大器）和全频道放大器或 VU 型放大器，即能放大 VHF 也能放大 UHF 所有频道的放大器。

宽频带放大器具有一定的通用性，特别是全频道放大器与各地广播电视台的频道无关，使用很方便，但抗干扰能力较差，所以一般采用宽频带式放大器。为了提高抗干扰能力，也可采用具有一定带宽的宽带放大器或单频道放大器。

按结构分类：把放大器和分配器等器件装在一个机壳里的叫分配放大器（也叫主放大器或共用器）。把分支和放大器装在一个机壳里的叫分支放大器。可以单独安装在室外的叫防水型放大器。放在室内的叫不防水型放大器等。

按照输入和输出电平分类：为了减少放大器的品种，一般规定为两种，一种是低电平输入，中电平输出的放大器，称为低电平放大器（或 A 型放大器）。另一种是中电电平输入、高电平输出的放大器，称为中电电平放大器（或 B 型放大器）。对于输入电平低而又要求输出电平高时，可将低电平放大器或中电平放大器串联使用。

我国对放大器主要是按使用频段来分的，也包括使用位置。它分为：

宽频带放大器（包括频段放大器）；宽带型天线放大器；频道型天线放大器；频道放大器。

以上四种放大器中，第二种和第三种是低电平放大器，安装在接收天线之后，要求噪声系数低，用于改善信噪比；第一种和第四种是中电平和高电平放大器，用于补偿传输和分配损耗。一般输出电平较高，以减少交调和互调，保持信号的传输质量。第一种包括全频道放大器。

2.4.7 频率变换器

频率变换器是将接收的频道信号变换为另一频道信号的器件。因此，它的主要作用是电视频道信号的变换。通常，为了避免信号损失、提高抗干扰能力也需要使用频道变换器。

频率变换器按变换的频段不同可分为 U/V 频率变换器、V/V 频率变换器、V/U 频率变换器和 U/U 频率变换器。按电路结构和工作方式的不同可分为一次变频式和二次变频式。

2.4.8 信号处理器

信号处理器实际上是一种功能更全、性能更高级的频率变换器，一般用于大型复杂的电缆电视系统。目前在电缆电视系统中发展比较快的一些国家早已普遍应用，我国一些大型的电缆电视系统中也在逐步使用。

信号处理器一般都采用二次变频方式，即先将 VHF 和 UHF 频段某频道信号变换成一固定中频，再变换到 VHF 频段的任意指定频道。由于中频频率较射频频率低，容易调整控制及对信号进行各种处理，因此其频率稳定，干扰小、性能指标好。

信号处理器的性能好、功能齐全，因此国外广泛采用信号处理器来取代频道放大器和频率变换器。信号处理器的性能参数项目也多。

课题 3　用户分配网络设备器件安装和电缆敷设

3.1　用户分配网络设备

用户分配网络设备常用的有分配器和分支器。

从天线上接收下来的电视信号频率很高，通常用射频电缆做传输线。每种射频电缆都有一定的特性阻抗。如果要把一路信号分成几路送出，就不能采用简单的并联和串接的办法，要高质量的传送信号，就必须保持传输系统各部分都得到良好的匹配，同时传输系统的各条干线以及各个输出端之间还应该具有一定的隔离度，使用分配器和分支器等器件就可以解决这些问题。

分配器和分支器都应具有宽频带的特性，VHF 专用的电缆电视系统中使用的分配器和分支器，应能通过 VHF 的所有信号，对于 UHF 和 VHF 两用型分配器和分支器，应既能通过VHF信号，也能通过UHF信号。

按盒体结构来分，分配器和分支器有一般型、防水型、明装型和暗装型等几种。一般分配器和分支器都装在室内，不要求有防水性能；防水型安装在室外；对于建好的房屋可安装明装型；随基建一起施工的可用暗装型，安装在墙内。

在电缆电视系统中，经常需要通过电缆芯线给中途线路放大器送电，因此接在通电电缆中间的分支器也必须能通过电源电流。这种能通过电源电流的分配器和分支器叫馈电型分配器或分支器。

3.1.1 分配器

分配器是用来分配信号的部件。它将一路电视信号分成几路输出。通常由二分配器、三分配器、四分配器和六分配器等，最基本的是二分配器和三分配器，常用的是二分配器和四分配器，而四分配器是有三个二分配器构成。通常分配器用于放大器的输出端或把一条主干线分成若干条支干线等处，也有用在支干线终端的。

分配器的输出端不能开路或者短路，否则会造成输入端的严重失配，同时还会影响到其他输出端。

3.1.2 分支器

分支器接在干线电缆的中途，它把流经干线同轴电缆信号的一部分取出来，馈送给电视机。分支器的输入信号大部分来自干线输出端，也有来自分支输出端。分支器多数用在系统的末端，即用户终端。它由一个主输入端（即干线输入端）和一个主路输出端（即干线输出端）以及若干个分支输出端（即支线输出端）所构成。在理想的情况下，只有主路输入端加入信号时，在主路输出端和支路输出产生信号。若从主路输出端加入反向干扰信号时，对支路输出端没有影响（即无输出）。同样由各支路输出端加入反向干扰信号时，对主路输出也无影响。故分支器具有单向传输的特点，所以也叫"方向性耦合器"。

为了适应电缆电视系统的各种要求，分支器做成许多种。按分支数来分，有一个分支输出端的叫做一分支器；有两个分支输出端的叫做二分支器；有三个分支输出端的叫三分支器；有四个分支输出端的叫四分支器。因为分支数过多时，从一个地方引出的电缆线太多，很不方便，因而常用的就这四种分支器。也有按分支输出端从干线中耦合能量的多少来分的，这种分类方法目前还没有统一的规定，通常在分支器的技术指标中加以说明。

3.2 同轴电缆

3.2.1 同轴电缆的特性参数

同轴电缆性能的好坏，不仅直接影响到信号的传输质量，还影响到系统规模的大小、寿命的长短和造价是否合理等。

同轴电缆由同轴结构的内外导体构成，内导体（芯线）用金属制成并外包绝缘物，绝缘物外面是用金属丝编织网或用金属箔制成的外导体（皮），最外面用塑料护套或其他特种护套保护。

电缆电视用的同轴电缆，各国都规定为75Ω，所以使用时必须与电路阻抗相匹配，否则会引起电波的反射。

同轴电缆的衰减特性是一个重要性能参数。它与电缆的结构、尺寸、材料和使用频率等均有关系。电缆的内外导体的半径越大，其衰减（损耗）反而越小。所以，大系统长距离传输多采用内导体粗的电缆。同一型号的电缆中绝缘物外径越粗，其损耗越小。即使绝缘外径相同，但型号不同，则因绝缘物同轴电缆的内外导体是金属，中间是塑料或空气介质，所以同轴电缆的衰减与温度有关，随着温度的增高，其衰减之也增大，经验估计，电缆的衰减量随温度增加而增加的比例为0.15%（分贝/摄氏度）。

3.2.2 国产同轴电缆的选用

我国对电缆统一型号的符号标注由四部分组成：第一部分各字母的符号含义见表2-1，第二部分表示特性阻抗值，第三部分表示芯线绝缘外径，第四部分是结构序号。

例如：SYV-75-3-1型电缆表示同轴射频电缆，用聚乙烯绝缘，用聚氯乙烯做护套，特性阻抗为75欧，芯线绝缘外径为3mm（若实际外径为非整数时，按四舍五入原则仍标记为整数）。

第一部分字母的含义　　　　　　　　　　表2-1

分类代号		绝缘材料		护套材料		派生代号	
符号	含义	符号	含义	符号	含义	符号	含义
S	同轴射频电缆	Y	聚乙烯	V	聚氯乙烯	P	屏蔽
SE	对称射频电缆	W	稳定聚乙烯	Y	聚乙烯	Z	综合
SJ	强力射频电缆	F	氟塑料	F	氟塑料		
SG	高压射频电缆	X	橡皮	B	玻璃丝编织浸硅有机漆		
SZ	延迟射频电缆	I	聚乙烯空气绝缘	H	橡皮		
ST	特性射频电缆	D	稳定聚乙烯空气绝缘	M	棉纱编织绝缘		
SS	电视射频电缆						

目前常用型号还有一种被称作耦心同轴电缆，型号分别为：SSYFV、SDVC、SYKV型-称它们为藕状式（或称藕芯）聚乙烯绝缘同轴电缆以及SIZV型竹节式聚乙烯绝缘同轴电缆。

在选用同轴电缆时，要选用频率特性好、电缆衰减小、传输稳定、防水性能好的电缆。目前，国内生产的电缆电视用同轴电缆的类型可分为实芯和藕芯电缆两种。芯线一般用铜线，外导体有两种：一种是铝管，另一种为铜网加铝箔。绝缘外套又分单护套和双护套两种。

在电缆电视工程中，目前常用SYKV型同轴电缆，即聚氯乙烯护套聚乙烯藕芯同轴电缆。干线一般采用SYKV-75-12型，支干线和分支干线多用SYKV-75-12或SYKV-75-9型，用户配线多用SYKV-75-5型。

3.3 用户接线盒

用户接线盒即系统输出口，有时也称作用户终端，它是电缆分配系统与用户电视机相连必不可少的部件，它常包括面板、接线盒，如果要和用户电视机相连，还必须配用一段用户线和插头。用户接线盒有单孔和双孔。盒底尺寸是统一的。明装的面板和底盒都是塑料的，暗装的常常都是铁制的。

课题 4 设备器件的安装方式

前端设备和分配系统的安装主要是放大器、混合器、分配器和分支器等器件的安装以及电缆管线的敷设。它们可以暗装，也可以明装。

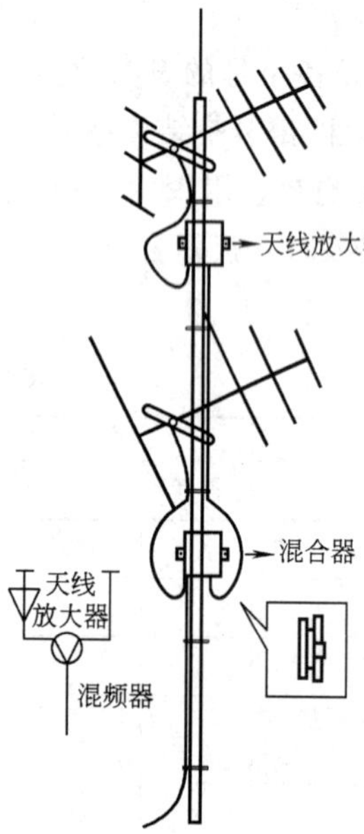

对于新建的楼房最好选用暗装方式，在需要输出信号的地方安装一个输出器（接线端子或插座）。输出器一般都有塑料盖板，美观大方，墙面整洁。如果设计适当，可以节省电缆和其他器材。

对于已经建好的房层，则应采用明装，分配器和分支器可以安装在走廊、卫生间和阳台下面，选用白色电缆线按照一定的方式固定在墙上。

4.1 天线放大器和混合器的安装

为了避免馈线过长使信号衰减太大而降低信噪比，常常把天线放大器安装在靠近天线竖杆上，机壳应具有防水性能。

用作天线信号的混合器也往往安装在靠近天线的地方，以节省传输线缆。如图 2-10 所示，图左侧为天线、天线放大器和混合器的连接方式，右侧为天线放大器和混合器的安装侧视图。

图 2-10 天线放大器和混合器的安装

4.2 分配器和分支器的安装

暗装串接单元系统输出口的安装方法，墙内可预埋如图 2-11 所示接线盒。

电缆采用 Ω 形卡子接线法，如图 2-12 所示。将预留接头的电缆长度剪成 15～20cm。

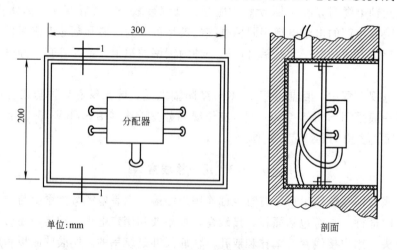

图 2-11 分配器和分支器的安装

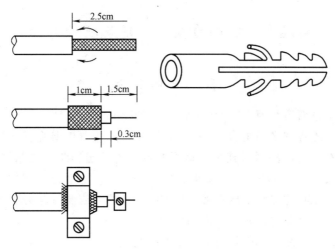

图 2-12 电缆采用 Ω 形卡子接线法

然后把 2.5cm 的电缆线外绝缘层剥去,再把外导体铜网套向外翻卷约 1cm。然后再剥去内绝缘层,露出电缆内导体待用。

串接单元的输入端与来线相接;输出端与线相接。注意不可接反。

明装共用天线设备常安装在墙面上。通常选用白色电缆,把放大器、分配器和分支器等安装在走廊或阳台下面。它们常使用如图塑料胀管固定。先用硬质合金钢钻头的手电钻在砖墙上打孔,钻头的外径应与塑料胀管的外径相同。孔的位置选在砖缝和砖心之间较好。因为孔的位置如果选在砖缝上容易松动不牢固;若选用在砖的中心,由于砖靠近中心部分较硬,比较费力,容易损伤钻头。

4.3 安 全 要 求

电缆电视的设计和安装,不论在正常使用条件下,还是在故障情况下,对用户、对进行系统操作的人员、对进行系统外部检查的人员或任何其他人均不应造成危险。

(1) 安装在户外并采用交流供电的设备应装入适当的防滴、防溅、防渗和防雨的外壳内,以提供必要的防潮保护。

(2) 金属箱,特别是那些内部装有带电设备的机箱,箱内所有部件都应安全接地到机箱上。

1) 接地端连接的导体应牢固可靠,且至少有 $4cm^2$ 的截面积。

2) 与配电系统要有一定的距离,防止电缆网络与配电系统偶然接触或感应。

3) 利用同轴电缆远距离送电,电缆内外导体之间电压有效值不应超过 65V。

4) 要使用符合要求的系统输出口,有隔离的系统的输出口耐压要大于 3kV;无隔离的输出口应能在 5s 时间内承载 30A 电流。目的是为了防止在故障条件下电压达到危险值。

总之,用在电缆分配系统中的部件应满足相应的国家标准"电网电源供电的家用和类似一般用途的电子及有关设备安全要求"。系统安装应按当地供电部门的有关要求安全接地。在各方面和任何时候都应严格遵守当地部门关于电缆分配系统与配电系统和电力设备及任何高压网间距离规定。如果没有规定,应征求当地有关部门意见。

课题 5 电缆的敷设（建筑物外部分）

5.1 总体要求

（1）室外的地埋管道沟槽上宽 800mm，下宽 600mm，深 1200mm。

（2）地埋井与地埋井之间用直径 100mm 塑料管连接（应避免接头），地埋井与器件返出箱之间用直径 50mm 塑料管连接，地埋井或器件返出箱与楼内暗埋管线之间用直径 50mm 塑料管连接。采用直埋方式，回填撼砂 500mm，其余为原土回填，夯实。

（3）地埋井与地埋井之间距离不得超过 80m，地埋井或器件返出箱与楼内暗埋管线的长度不得超过 50m，如超过此长度，需加设地埋转接井。

（4）地埋管线转角超过 60°必须加设地埋转接井。

（5）地埋管线与其他管线平行距离不小于 1m，交叉距离不小于 0.5m。

5.2 地埋管线的返出返入

（1）光缆以明架方式进入（图 2-13）。

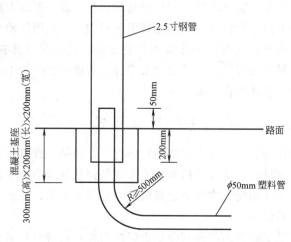

图 2-13 光缆以明架方式进入

需在外网为地埋的进线处和楼内暗埋管线在一楼半电缆进户处，用 2.5 寸钢管保护返出，钢管（长度为 2m）管口与地面距离为 1.8m，用管卡固定在墙体上，与墙体紧密结合，管口热塑；地下部分钢管与地埋管线直径 50mm 衔接，连接口做好密封保护。

（2）光缆以地埋方式进入。楼内暗埋管线在楼基础±0 以下 300mm 出户的，地埋管线直径 50mm 与楼内出户管线直径 40mm 成自然角度套接，接口应保持清洁光滑，两管套接长度应大于等于 500mm，并用混凝土进行包封处理，加固密封保护。

5.3 小区内地埋井

普通工作井（图 2-14）尺寸（内径）为：1200mm×1200mm×1600mm。

地埋转接井尺寸（内径）为：1000mm×1000mm×1200mm。

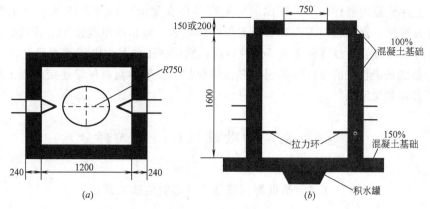

图 2-14 普通工作井

(1) 井壁厚度为 240mm，井盖直径为 750mm。
(2) 井底基础厚为 150mm，向井中心放坡，放坡系数为 5%。
(3) 在区域车行道上的井上覆厚度 200mm（钢筋 15 根直径 14，16 根直径 10），在区域人行道和绿地内的井上覆厚度 150mm（钢筋 14 根直径 14，15 根直径 10）。
(4) 路面形成后用井脖调整井圈高度，以保证井盖高出路面 10mm。

5.4 器件返出铁箱

(1) 基坑内砌筑高度为 300mm 的箱体基础，并将地埋返出塑料管平行固定在箱内，管头距基础面的高度为 10mm，将地埋铁箱底座水平坐落在基础面上，再沿铁箱外底边砌筑 120mm 的基础，外壁抹灰厚度为 10～20mm，连同箱体基础一同养生 48h。基坑内砌筑方式如图 2-15 所示。

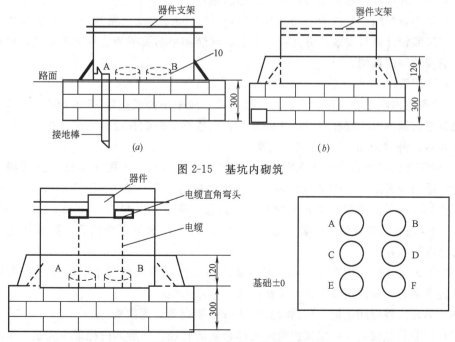

图 2-15 基坑内砌筑

图 2-16 器件铁箱内器件安装

(2) 器件铁箱内器件应水平牢固的固定在器件支架上,如图 2-16 所示,电缆与器件用直角弯头连接,器件箱内需安装多个器件时,输入、输出端电缆使用的管孔必须用堵帽封好。所有预留缆线盘成直径为 0.5m 的圆盘,固定在工作井内电缆预留架上。

(3) 安装光接收机的器件箱必须做好接地保护。接地棒与器件箱连接。施工规范及标准参照国家有关规定执行。

课题 6　电缆的敷设(建筑物内部分)

6.1　暗埋管、箱规格及暗管连接方式

(1) 单元分配箱:尺寸为 370mm×420mm×160mm (高×宽×深),箱体的钢板厚度应不小于 1.5mm,箱体的上漆方式必须采用静电喷漆的工艺。标准住宅,设在楼梯间一层半的位置,箱体的底边距地面 1600mm,如需要设在楼梯位置,其高度也应当与该楼梯凳水平面的垂直位置保持 1600mm。非标准或高层住宅按实际情况进行设计。分配箱有明装、暗装和半明装暗装三种安装方式,根据施工条件和墙壁的厚度选用。

(2) 楼层转接箱:尺寸为 200mm×160mm×130mm (高×宽×深),箱体的钢板厚为:底盒为不小于 0.8mm,箱盖应不小于 1.2mm,箱体的上漆方式必须采用静电喷漆的工艺。标准住宅,分支器箱应尽可能设在与本楼层住户等距离的楼梯间内,箱体的底边距地面 1600mm。如需要设在楼梯位置,其高度也应当与该楼梯凳水平面的垂直位置保持 1600mm。通向各户的塑料管要从箱体的上下方向进入楼层转接箱内,禁止从两侧及背面进入。进入箱内的塑料管在箱内要平行敷设,清洗规整。分配箱有明装、暗装和半明装暗装三种安装方式,根据施工条件和墙壁的厚度选用。

(3) 集中分配箱:尺寸为 220mm×320mm×130mm (高×宽×深),安装位置根据不同楼体,按照设计进行安装。分配箱有明装、暗装和半明装暗装三种安装方式,根据施工条件和墙壁的厚度选用。

(4) 暗埋管:

1) 建筑物内暗埋管线在建筑物内一层出户。应采用两根直径 25mm 阻燃管从楼内单元分配箱暗敷到本单元楼梯间一层半处出户,出楼部分阻燃管应牢固密封并沿水平方向向下成 5°角敷出外墙表面 100mm 进行暗敷。

2) 建筑物内暗埋管线在建筑物±0 以下出户。应在单元分配箱箱体下方楼房的公共部分选择适当位置设一个楼层转接箱,其高度为底边距楼体±0 以下 500mm 处。向上用两根直径 25mm 的阻燃管与单元分配箱直接连接,向下用两根直径 40mm 阻燃管在楼体±0 以下 300mm 处成自然角度敷出楼体外墙 2000mm,底下出墙的管头要牢固密封,待与外部地埋管网相连。

(5) 单元间连接:用直径 25mm 阻燃管从单元分配箱与所带单元的集中分配箱直接连接,转弯多时,要使用转接盒,禁止接头,并带入钢丝。

(6) 单元内楼层间连接:用两根直径 25mm 阻燃管,无接头。

(7) 线缆的敷设:电缆线保护管应选择合适的管径。一般其内径最小应是电缆线外径的两倍。对于某些壁厚不均的软塑料管,为了穿线方便,可将管径选得略大一些。穿线管

内部应留有钢丝,以便牵引电缆穿管内。在施工过程中,注意不要把穿线管压扁,也不能进入杂物,以免堵塞,造成穿线困难。穿线管尽量走直线,在需要拐弯的地方也要拐慢弯。如必须作90°弯曲时应留过线盒。穿线管在通过楼房伸缩缝时,要用两个直径不同的保护管套接。并防止雨水进入。在穿电缆线的过程中要把电缆芯线和网套一起牵引,并在电缆表面上涂滑石粉。一根穿线管一般只穿一条线缆,在管径较大的情况下也可以穿两根。

(8) 电源:电源取自本单元总电源计量箱内,用直径15mm阻燃塑料管与单元分配箱连接,并带入尼龙引线。

6.2 对暗埋管部分的要求

(1) 暗埋管要使用经专业部门检测合格的PVC阻燃管。

(2) 管路敷设随土建施工同步进行。暗埋管一般情况下必须埋入墙内,如特殊情况下不能埋在墙内,敷设后要用100号砂浆敷15mm厚,予以保护。

(3) 暗埋管不允许有接头,因特殊情况确实需要接头时,应使用套管连接,套管的长度不应小于连接管外径的两倍。然后用塑料管胶固定。要确保连接管对接口在套管中心位置。

(4) 暗埋管需要弯曲时,其弯曲半径不得小于管径的10倍。

(5) 埋设管路时,如遇到与其他专业管路交叉时,应注意前后、左右、上下距离的摆放,禁止出现90°死弯。最小间距要求所表2-2所示。

暗埋管路与其他专业管线的最小间距　　　　　　表2-2

本管路	电力管	压缩空气管	给水管	热力管	煤气管
平行距离(mm)	150	150	150	500	300
交叉距离(mm)	50	20	20	500	20

(6) 管路敷设超过20m或者出现90°转弯时,要在适当的部分设转接盒。

(7) 预埋管管口一律做好密封保护,以待将来使用。

6.3 用户终端盒及用户转接盒部分

用户接线盒即系统输出口,系统输出口有单孔和双孔两种,明装输出口面板和底盒通常都是塑料制成的。暗装输出口的接线盒常常与土建工程结合在一起施工,因而多用铁制的。高层建筑大都是钢筋水泥结构,一旦建筑完工不容易再改变。所以事先应考虑好施工方案。在施工过程中要保护接线盒不要损坏。接线盒和穿线管的连接处孔径要合适,无需采用螺丝固定。但要注意防止水泥从接口处进入盒内。

(1) 用户转接盒:尺寸为内径100mm的八角盒。设于房屋门厅的适当位置,用直径15mm塑料阻燃管与同楼层的楼层转接箱或集中分配箱连接,无接头。底边距地面300mm或与电源盒保持一致。

(2) 用户终端盒:尺寸为86mm×86mm×60mm(高×宽×深),用直径10mm阻燃管与用户转接盒相连接,无接头。底边距地面300mm或与电源终端盒保持一致。其位置距电源终端盒300~500mm。

(3) 盒面距墙面约8mm左右,抹完灰后,应与墙面保持一平。

(4) 预埋管进入盒内时，不允许将盒底破坏，盒内余管约 5mm。管头均匀一致。
(5) 盒要铺平、摆正。安装要坚固可靠，砂浆水泥要充分均匀。
(6) 用户转接盒及用户终端盒必须安装盒盖。

有线电视干线采用同轴电缆 SYWV-75-9/4P；从分配器出来至各个分配器采用 SYWV-75-7/4P；由分配器到各个有线电视终端采用 SYWV-75-5/4P 电缆。最终达到用户所要求的信号强度。

课题 7　供电、防雷及接地

7.1　供　电

前端机房使用的设备较多，功率较大。前端机房采用 50Hz、220V 单相交流电源，并应有独立的供电回路。220/380V 电源，并应从总配电盘（箱、柜）引入独立的供电回路。

电缆干线放大器的供电采用芯线馈电的方式，电源插入器和集中供电器可设置在前端或者设置在桥接放大器处。

当供给供电器的电力线路与电缆同杆架设时，供电线采用绝缘导线，并架在电缆的上方，与电缆的距离大于 0.6m。

7.2　避雷、接地和安全

(1) 避雷

雷是一种大气中的放电现象，常常使有线电视设备损坏。雷击主要有两种："直击雷"和"感应雷"。直击雷占雷击率的 10% 左右，危害范围一般较小，可使用避雷针、避雷线和避雷网来防避。危害大得多的"感应雷"占雷击率近 90%，危害范围甚广，电缆电视系统的电子设备受雷击损坏主要是"感应雷"造成。

用于低压（380V 以下）系统的避雷器，是由压敏电阻（非线性元件）制成的。近年来，研制了非线性特别优异并具有很大过压吸收能力的氧化锌阀片组成的氧化锌避雷器。以下表 2-3、表 2-4 分别列出了电源和电子设备专用避雷器特性，供读者参考。

电源设备专用避雷器特性表　　　　　　　　　　　　　　表 2-3

工作电压	漏电流	响应时间	残压比	通流
220V	≤20μA	≤50ns	≤3	10000A

电子设备专用避雷器特性表　　　　　　　　　　　　　　表 2-4

工作电压	漏电流	响应时间	残压比	通流容量
220V	≤20μA	≤50ns	≤1.4	16000A

以上两表中，残压比等于残压与应敏电压的比值。压敏电压的定义为：当避雷器通过 1mA 直流电流时两端实测的电压，工程上认为此时避雷器已开通，故又称为开通电压。残压或残压比越小，避雷效果越好。

还有一种电视机专用避雷器，将天线插座安装在电源插座上，实现电视机电源、信号

电视机专用避雷器特性 表 2-5

电源电压	天线频段	插口损耗	通流容量	残压比	天线阻抗
220V	30～300MHz	≤1dB	3kA	≤3	75Ω

两部分的综合避雷器特性（表 2-5）。

另有一种称为家用电源防雷保护器的，可应用于电冰箱、电视机、高级音响及电缆电视电子设备等单相电路中。防雷保护包括氧化锌阀片与平板间隙鼻，并装有电容器，以滤除过电压脉冲，还能以发光管显示供电线路的状态是否正常（表 2-6）。

家用电源防雷保护特性 表 2-6

额定电压(有效值)	灭弧电压(有效值)	工频放电电压(有效值)	冲电流下残压(峰值)	泄漏电流
022kV	0725kV	0.6～1.0kV	<1.5kV	0～10μA

上述产品都要求接地电阻≤10Ω，并要定期检查。

电缆电视系统中的同轴电缆屏蔽网和架空支承电缆用的镀锌铁线都有良好的接地，受感应雷的机会较小，雷电最容易从电源线进入电子设备。把供电线进户瓷瓶铁脚接地，对保护电力设备和人身安全可以起到一定作用。但由于电缆电视等电子设备的耐受过电压的能力比电力设备差得多，因此，除必须在进户线上安装低压避雷器外，入户线要选用有金属护套的埋地电缆，或把无屏蔽的电线、电缆穿在埋地金属管中，使雷电波通入地中。电源线在进入电子设备前可绕几个圈以形成小电感，对 50Hz 电流没有什么影响，对阻挡雷电波侵入设备却有一定作用。

值得一提的是，现时为了防止人身触电并防止漏电火灾发生，人们普遍使用漏电保护开关。正常时，两线电流相等、方向相反；当产生触电或电气设备漏电时，其漏电流达到危险值，则两线电流不等，产生的磁场不能互相抵消，互感器二次绕组输出信号给放大电路，以推动脱扣器动作，使其断电。漏电保护开关是一种灵敏度很高的保护装置，也可以用来防雷。电缆电视电子设备前可安装一个对地通断电流为 30mA，动作时间<0.1s 的漏电保护开关，作防雷之用。不过，雷电之后，要使电缆电视系统恢复通电正常，就要人工把开关合上，使用不便。然而它价廉，随处可购，安装简便，且不必安装良好的接地设施。

（2）系统的接地与安全

系统的接地是为了保证系统的安全，系统的安全性是在系统验收时首先要考核的参数。当天线或架空电缆附近产生雷击时，要在这些地方感应出很高的电压，有效的接地能及早泄掉由感应产生的电荷，同时，也可泄掉由于设备漏电而严生的对地电压，达到保护设备和人身安全目的。向系统设备及用户设备提供电源的室外电力线路，自室外引入建筑物时采取的防雷电波侵入的措施包括防止直击雷、感应雷的措施。

1）天线的接地 有线电视的接收天线和竖杆一般架设在建筑物的顶端，应把所有的接收天线，包括卫星接收天线的地焊在一起，并接入地下。接收天线的竖杆（架）上应装设避雷针。避雷针的高度应能满足对天线设施的保护。安装独立的避雷针时，由于单根避雷针的保护范围呈帐篷状，边界线呈双曲线，所以避雷针高于天线顶端的长度应大于天线的最大尺寸。避雷针与天线之间的最小水平间距应大于 3m。

建筑物已有防雷接地系统时,避雷针和天线竖杆的接地应与建筑物的防雷接地系统共地连接;建筑物无专门的防雷接地可利用时,应设置专门的接地装置,从接闪器至接地装置采用两根引下线,从不同的方位以最短的距离沿建筑物引下,其接地电阻不应大于4Ω。无论是新制作的接地线还是原建筑的接地线,接地电阻都应小于4Ω。

沿天线竖杆(架)引下的同轴电缆应采用双屏蔽电缆或采用单屏蔽电缆穿金属管敷设。双屏蔽电缆的外层或金属管应与竖杆有良好的电气连接。

设置在天线附近的天线放大器,采用单独的电源线馈电时,电源线应单独穿金属管敷设,并严禁架空明敷。

除天线应有良好的避雷和接地外,进入前端的天线馈线应加装避雷保护器(天线避雷器或其他快速放电装置)。保护器的地要与前端设备的接地分开,以防止感应雷串入。

具体施工时,可用 $\phi 8$ 或 $\phi 12mm$ 的钢筋把各天线塔杆连接在一起,每根塔杆的各节连接处一定要焊牢,不能只用螺钉固定,避雷针也应直接焊接在塔杆的顶部,连成一体的地线直接焊在大楼的防雷网上。若大楼没有专门的地网,就需单独作接地板,接地板可用角钢或钢管制作,埋设深度不应小于0.6m,垂直接地体的长度不应小于25m。角钢长3m,截面为500mm×50mm,钢管长为3m,外径为35~50mm,壁厚约4mm。若一根接地极不能达到接地电阻小于4Ω的要求,可采用两根或多根接地极,各根接地极之间的距离应不小于5m。接地体埋设位置应在距建筑物3m以外,并注意不应埋在垃圾、灰渣等地方。为了降低电阻,可将长效接地降阻剂埋在接地体周围。接地体在埋设后,回填土应分层夯实。

天线杆(架)的高度超过50m,且高于附近建筑物、构筑物或处于航线下面时,应设置高空障碍灯,并在杆(架)或塔上涂颜色标志。

2) 前端设备的接地 前端设备是电缆电视系统的中心,如果在附近发生雷击,则会在机房内的金属机箱和外壳上感应出高电压,危及设备及人身安全。前端设备的电源漏电也会危及人员的安全。因此,对机房内的所有设备,输入、输出电缆的屏蔽层,金属管道等都需要作接地处理,不能与屋顶天线的地接在一起,设备接地与房屋避雷针接地与工频交流供电系统的接地应在总接地处连接在一起。系统内的电气设备接地装置和埋地金属管道应与防雷接地装置相连;不相连时,两者的距离不宜小于3m。

机房内接地母线表面应完整,并无明显锤痕以及残余焊剂渣;铜带母线应光滑无毛刺。绝缘线的绝缘层不得有老化龟裂现象。

接地母线应铺放在地槽和电缆走道中央,或固定在架槽的外侧。母线应平整,不歪斜、不弯曲。母线与机架或机顶的连接应牢固端正。

铜带母线在电缆走道上应采用螺丝固定。铜绞线的母线在电缆走道上应绑扎在梯铁上。

3) 干线和分配系统的接地 根据有关规定,干线和分配系统传输电缆需作如下处理。

(a) 市区架空电缆吊线的两端和架空电缆线路在分支杆、引上杆、终端杆、角深大于1m的角杆、安装干线放大器的电杆,以及直线线路每隔5~10根电杆处,均应将电缆外层屏蔽接地。在电缆分线箱处的架空电缆的屏蔽层、金属护套及钢绞吊线应与电缆分线箱合用接地装置。

埋设于空旷地区的地下电缆，其屏蔽层或金属护套应每隔 2km 左右接地一次，以防止地感应电的影响。

(b) 电缆进入建筑物时，在靠近建筑物的地方，应将电缆的外导电屏蔽层接地。架空电缆直接引入时，在入户处应增设避雷器，并将电缆外导体接到电气设备的接地装置上；电缆直接埋地引入时，应在入户端将电缆金属外皮与接地装置相连。

(c) 不要直接在两建筑物屋顶之间敷设电缆，可将电缆沿墙降至防雷保护区以内，并不得妨碍车辆的运行，其吊线应作接地处理。

(d) 各种放大器、电源插入器的输入端和输出端均需安装快速放电装置，外壳需接地。

系统的其他安全防护还可参阅标准《30MHz-1GHz 声音和电视信号的电缆分配系统》中有关安全要求的规定。

课题 8 电缆电视系统的设计及图纸解读

8.1 国家有关标准的要求

电缆电视系统设计的主要目的，是为用户提供高质量的图像和声音。因此，其设计依据之一，是那些与系统设计有关的参数是否达到国家要求的标准。有关电缆电视系统的国家标准或行业标准有：

(1)《30MHz-1GHz 声音和电视信号电缆分配系统》(GB 6510—86)；
(2)《有线电视系统工程技术规范》(GB 50200—94)；
(3)《工业企业共用天线电视系统设计规范》(GBJ 120—88)；
(4)《民用建筑电气设计规范》(JGJ/T 16—92)；
(5)《有线电视广播系统技术规范》(GY/I 106—92)。

8.2 系统的基本模式及主要技术指标分配

电缆电视系统一般有四种基本模式：无干线系统、独立前端系统、有中心前端系统、有远地前端系统。

(1) 无干线系统模式规模很小，不需传输干线，由前端直接引至用户分配网络，如图 2-17 所示。

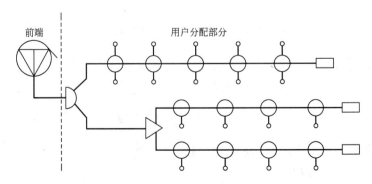

图 2-17 无干线系统模式

（2）独立前端系统模式是典型的电缆传输分配系统，由前端、干线、支线及用户分配网组成，如图 2-18 所示。

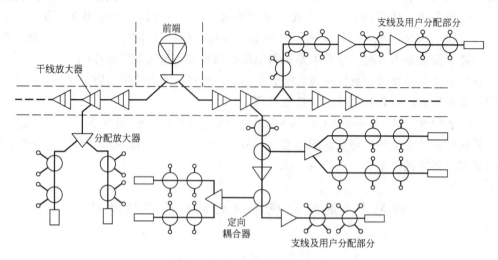

图 2-18　独立前端系统模式

（3）有中心前端系统模式规模较大，除具有本地前端外，还应在各分散的覆盖地域中心处设置中心前端；本地前端至各中心前端可用干线或超干线相连接，各中心前端再通过干线连至支线和用户分配网络，如图 2-19 所示。

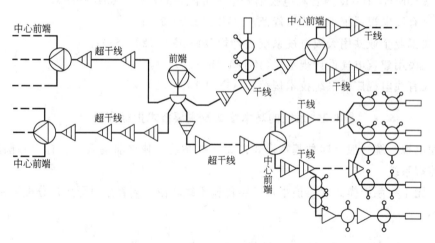

图 2-19　有中心前端系统模式

（4）有远地前端系统模式，其本地前端距信号源太远，应在信号源附近设置远地前端，经超干线将收到的信号送至本地前端，如图 2-20 所示。

8.3　环境条件和功能要求

这是系统设计的另一个依据，它主要包括：
（1）用户要求和广播状态
根据地区所能接收到的信号及其质量和发展规划，有无录像、摄像等自办节目，收不

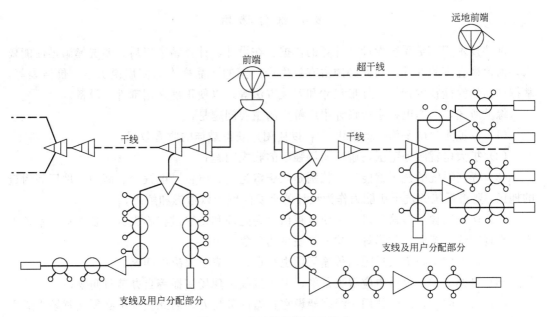

图 2-20 有远地前端系统模式

收卫星信号，传输不传输其他信息（如调幅、调频广播、数据等），确定节目源数和频道容量。同时考虑用户的投资规模。

（2）用户地区环境条件 这包括周围有无高大建筑物、山岳以及电磁干扰环境等。特别是对于接收天线架设位置，要尽量避开马路的汽车干扰、工业干扰等，远离阴影区和反射区。

（3）建筑物的结构和布局

根据建筑物的结构形式，是新建还是改建，用户端总数及在各楼层分布情况，确定电缆的架设和布置，是暗铺还是明敷。

（4）场强测量或计算

用场强仪测量拟架设天线处各频道的场强值，或了解电视发射台的方位及与接收点的距离、发射功率、发射天线高度，进行场强的估算。场强值是整个系统设计的依据和基础，应该尽可能得到精确可靠的值。

用场强仪在接收点实测场强值。不论用公式计算还是用经验性数据表格估算，都只是给出场强的参考数值，要取得接收点的确切场强值，最好用场强测试仪或电平表进行实地测量。通常在系统设计中，既可采用场强仪测量场强，也可用电平表测量天线的输出电平，可视具体情况而定。场强值大小的范围划分如表 2-7 所示。

场强范围的划分　　　　　　　　　　表 2-7

场强划分	VHF		UHF		SHF
	mV/m	dB	mV/m	dB	dBV/m
强场强	50	>94	>199	>106	
中场强	5	74	199～19	86～106	约为 109
弱场强	0.5	54	19～1.99	66～86	约为 114
微场强	0.1	<40	<1.99	<66	约为 120

8.4 部件选用

部件技术规范是系统设计和计算的依据。在设计、计算结束以后，要选择满足性能要求，而价格合理的部件。因此必须占有各生产厂家的产品样本、使用说明书、价格表等，掌握产品的性能技术指标、外形尺寸和安装方法等，以便正确选用部件、设备。

综上所述，电缆电视系统设计中应解决的主要问题是：

（1）保证用户电平为 $70\pm5\text{dB}\mu\text{V}$，以使用户获得最佳的收看效果；

（2）扩大电视服务范围，解决弱场强区的收视问题；

（3）提高系统的抗干扰能力，特别是处于雷达站、电台、电视台、高频器件厂等附近的地区，要将系统的抗干扰能力作为设计的重要问题予以考虑和解决；

（4）保证图像的传输质量。为使电视信号在处理和传输过程不失真，必须解决系统中不应出现交调、互调及重影等影响图像质量的现象；

（5）扩大使用频道及远距离传输问题也是设计中应予解决的问题；

（6）自办节目。设计中应解决录像、卫星接收、现场演播等自办节目问题；

（7）防雷问题。由于共用天线多架设在宾馆的最高处，因此设计中必须注意解决避雷问题，它涉及到用户的人身安全和电视机的安全；

（8）其他问题。例如造价应尽量降低，布线应尽量简洁、美观且施工方便，用户盒安装位置应尽量合理，方便用户等。

8.5 前端系统设计示例

8.5.1 前端设计步骤

在前端设计之前，首先明确系统是采用全频道或隔频传输方式，还是邻频传输方式，然后根据已知设计条件，即接收频道及各频道场强、自办节目和卫星接收数、预留频道数、传输距离及总用户数等，进行前端设计。设计步骤大致如下：

（1）选择自办节目的频道调制器、变换器、频道处理器等设备；

（2）按系统总体分配到前端的载噪比，计算必须的天线最小输出电平，根据实际场强及天线最小输出电平，选择各频道天线；

（3）按前端输出电平要求及各天线实际输出电平，确定天线放大器、频道放大器和混合放大器的增益，并按载噪比的要求确定各放大器的型号；

（4）计算前端电平及载噪比，若不符合要求，改用其他型号放大器。

【例1】 某宾馆大楼要求接收无线电视信号8、14、20、26、33频道的五套节目；并接收亚洲一号（ASIASAT-1）的卫视体育台、中文台、音乐台、综合台（英语）、新闻台、云贵台的六套节目；接收亚太一号（APSTAR-1）的CNN（美国有线广播网）和华娱台的二套节目；此外自办录像节目一套，共计14套节目。

由于节目较多，质量要求高，并考虑到将来的发展，本系统采用550MHz邻频传输方式，传输频道可达到30个以上，为今后增加频道留有余地。系统前端部分的方框图如图2-21所示。

需要说明的是，左上部卫星接收部分均采用"LNB-功分器-卫星接收机-制式转换器-调制器"形式，虽然有的节目为PAL制，但考虑今后便于更换频道，故还是每个频道都设置了制式转换器。

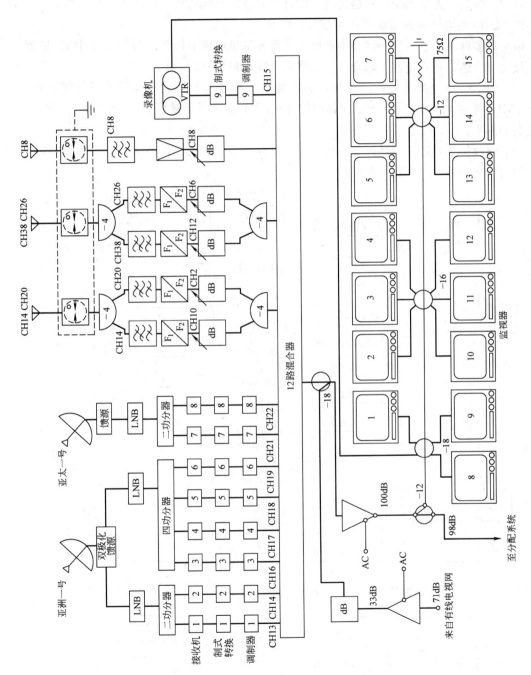

图 2-21 前端系统方框图

【例2】 电缆电视前端设备的实例

下面介绍一些目前生产的前端设备，这种设备有三种类型，可满足不同档次的需求。其中 PBI-2000 系统采用微机编程和邻频技术，适于几百户到几千户集体用户群使用。例如：宾馆、饭店、大中型企业的居民区，以及户数较多的自然村等。如图 2-23 所示。

PBI-2000 型电缆电视前端设备具有如下特点：

（1）集多种功能于一体，诸如本地电视节目、卫星电视节目、自制节目和调频广播节目的接收与发送，是真正的"四合一"整体化有线电视系统。

（2）PBI-2000 电缆电视系统体积小、重量轻、组装容易，适于长期开机连续工作，在 300MHz 范围内可做 28 个频道的邻频传输（UHF 频道做隔频传输），大大提高了有效频道的利用率。

（3）接收机和频道调制器浑然一体，不需另加卫星接收机。这种结构的优点是既不存在不同机型之间的匹配问题，又降低了成本。

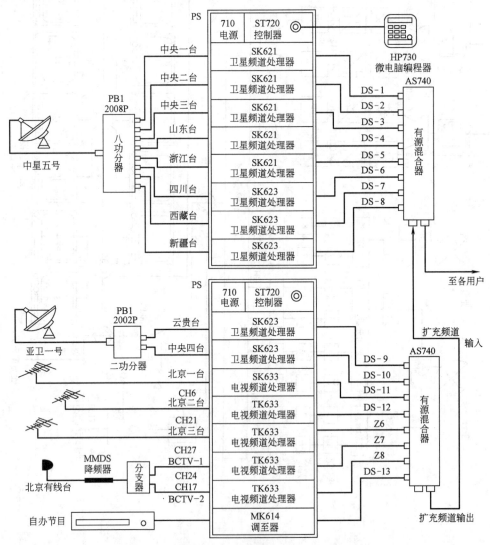

图 2-22 地区接收 16 个频道的电缆电视设计图

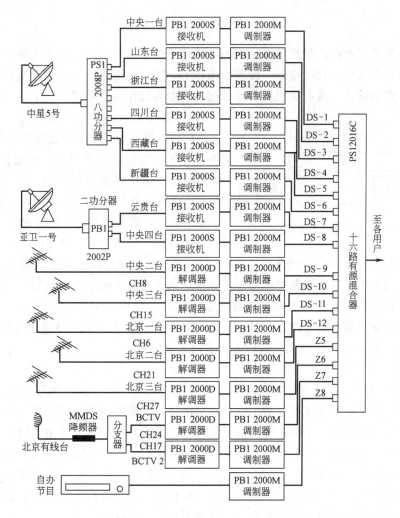

图 2-23 PBI-2000 型前端设备

（4）每 8 个部件构成一组，带有微电脑编程控制器和独立的供电电源，每一个部件都可用微电脑控制，可独立选择其输出频道。因为所有数据均存储于永久性存储器内，所以即使发生停电也不会对电脑的记忆装置有任何影响。

（5）微电脑编控器有存储和复制功能，可以作为中间媒介，将一套前端系统存储的数据拷贝入另一套前端系统。当架设新的类似系统时，就可以利用这一功能进行复制，而不需另行调整和设定。

（6）在相同频段内的微电脑调制器有完全的替代性和互换性，且均可任意调整或变动其输出频道。当某一调制器出现故障时，可立即以相同机型的调制器替代。由微电脑编程控制器输入原有的存储资料即可立刻开始工作。

（7）安装完成并投入正常使用后，如需增加接收频道，该系统的混合器可以连续串接，扩充频道非常方便。如需要设计较大系统时，该系统为每个调制器配有专用的频道放大器，以取代原有的混合器，即可作为较大型的专业电缆电视系统作用。

作为典型应用示例，图 2-22 是对某地区接收 16 个频道的电缆电视系统设计图。

8.6 传输分配系统的设计

传输分配系统的作用是把前端输出的电视信号送至各个用户。本节主要针对单幢建筑物，如宾馆、办公楼、住宅楼等，因其范围较小，用户比较集中，传输干线较短，因此信号质量比较容易保证，所以我们把传输分配系统主要放在用户分配系统上。

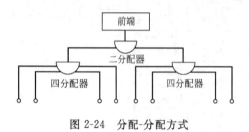

图 2-24 分配-分配方式

8.6.1 用户分配系统的方式

用户分配系统是将干线传输来的信号分配给各个用户，它主要由放大器、分配器、分支器、串接单元、用户终端盒等组成。由于系统有大、中、小之分，器材由于厂家不同，所以分配方式差异很大。其基本信号分配方式如下：

（1）分配-分配方式（图 2-24）

系统全采用分配器的分配方式，如图 2-22 所示。这种方式适合于以前端为中心，向四周扩散的结构形式。如果各路电缆长度相等，则各路输出电平也都相等。这种系统的分损失较小，整个分配系统的损失为二分配器与四分配器的分配损失之和再加上电缆的损失。其缺点是如果某一路空载，对其他几路影响较大，因此当某一路输出端暂时不用时，一定要接上一个 75Ω 匹配负载。这种方式多用于干线分配。

（2）分支-分支方式

如图 2-25 所示，系统全部使用分支器的分配方式，这种方式适用于结构分散、干线较长的情况。为了使各分支器的输出电平尽可能接近，需要选用不同损耗的分支器，靠近前端的分支器插入损耗应小些，分支损耗大一些；靠近终端的分支器插入损耗应大些，分支损耗小一些；在中间部分的分支器损耗介于两者中间。为了使系统匹配，这种方式需在干线终端接入 75Ω 的匹配电阻，因此它的损耗比分配-分配方式大，但一路空载时，对整个系统匹配的影响比前一种小，特别是对插入损耗小、分支损耗大的分支器更是如此。因此，这种方式多用于输出端常常空载（不接电视机）的系统中。

在多层住宅中还使用串联单元分配方式，串接单元实际是无需用户线的分支器，它是将分支器和用户盒做成一体的，它能串接一分支器和串接二分支器。使用时直接装在墙壁上，电缆线由上到下将这些串接单元串接起来，不需横向走线，因此结构简单、费用低、安装容易，特别适合于大模板结构预埋安装。其缺点是灵活性差、修理麻烦，一处发生故障会影响到整串分配线的正常工作，而且需要有较高的电平，串接单元数量有一定限制。

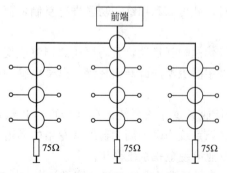

图 2-25 分支-分支方式

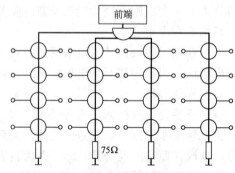

图 2-26 分配-分支方式

(3) 分配-分支方式

分配-分支方式如图 2-26、图 2-27 所示，先将前端输出的信号送入分配器均分为多路后，再分给各分支实施分配。同样，为使各用户端电平接近，应选用不同损耗的分支器。由于各干线终端接有 75Ω 匹配电阻，因而对每一条干线基本上可以保持匹配，不会出现完全空载的状态。这种方式适用于高层建筑，用户数量多而且用户点的分布不规则以及允许横向布线的场合。此外，使用维修比较方便。

(4) 分支-分配方式

这种分配方式是在分支器的分支输出端再接分配器，如图 2-28 所示。因此它具有 (1) 方式的特点，终端不宜空载，适合于分段平面辐射形分配系统。

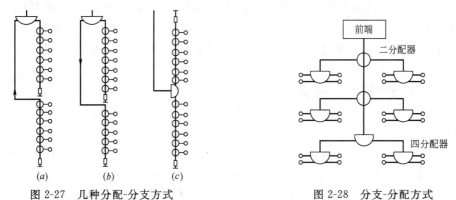

图 2-27　几种分配-分支方式　　　　　图 2-28　分支-分配方式

(5) 不对称分配方式

图 2-29 (*a*) 为不对称三路分配方式，先用一个二分配器把一路信号分成两路，然后把其中一路再用二分配器均分成两路，这样共有三路输出，其中一路分配损耗为 3.5dB，可用于向远处传输，其余两路分配损耗为 7dB，可传向近处，以便充分利用信号能量。

图 2-29 (*b*) 为不对称五路分配方式，其五路的输出端电平可保证一样，为此先用一个分支损耗较小的分支器取出一路信号输出，其主路输出再接一个四分配器，将一路信号分为五路，且各路的损耗均为 9dB。

图 2-29 (*c*) 是用三个分配器实现九路不对称输出。当然，实现各种不对称输出的方案可以有多种形式。

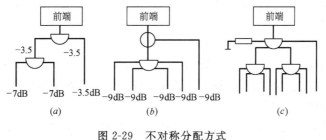

图 2-29　不对称分配方式

8.6.2　用户分配系统的设计要点

(1) 用户电平的确定。用户电平是设计用户分配系统的重要依据。用户电平太高，电视接收机的高频放大部分全工作在非线性区内,产生互扰调制和交扰调制,用户电平太低,又会使接收机的内部噪声起作用,形成雪花干扰。按国家标准 GB 50200—94 规定,电缆电视系统提供给用户的电平范围为 60~80dBμV（即 70±5dBμV）。取高取低应根据以下几个因素确定：

1) 根据多数电视机的要求来确定。电视机要求的输入电平与电视机本身的灵敏度有关。灵敏度高的电视机输入电平可低一些,反之则应高些。有些电视机的 AGC 控制范围比较宽,还有些电视机的天线输入端装有可变衰减器,这些电视机的输入电平可取高一些。

2) 根据当地场强来确定。距离电视发射台比较远的地方,空间场强较弱,用户电平取在 60~70dB 就能较满意接收；距离电视发射台较近的地方,空间场强较强,从电缆传来的电视信号与从空间直接传来的电视信号会一起进入电视机而产生重影现象,因此需将用户电平提高些,使其强于直接进入的信号,一般应为 70~80dB 甚至 80dB 以上。

3) 根据干扰电平的大小来确定。外界干扰信号较弱的地方,用户电平可取低些；干扰信号较强的地方,除了合理选择和架设接收天线外,还应适当提高用户电平,以降低干扰信号的影响。

(2) 分配器的作用是将射频电视信号功率均等地分配给各路。且分配损耗小,有利于高电平输出,但是应当注意,分配器的输出端不能开路（不接负载）,否则会造成输入端的严重失配,同时还会影响到其他输出端。因此,分配器输出端不适合直接用于用户终端。在系统中当分配器有输出端空余时,必须接 75Ω 负载电阻。

(3) 分支器是将射频电信号功率不等地分配给各路,有主路和支路之分,支路就有各种不同的衰减量,从而构成一个系列。因此对大楼（例如高层建筑）从上至下进行分配时,一般上层的分支衰减量应取大一些,下层的分支衰减量应小一些,这样才能保证上、下层用户端的电平基本相同。同时,分支器的主输出口空余时,也必须接 75Ω 的负载。

(4) 串接单元是将分支器与用户终端合成为统一体,它虽有设计比较灵活方便的特点,但如发生故障将影响到从该插孔至终端之间的其他输出插孔,因此一些地区（如上海等地）的有线电视就规定原则上不允许用串接单元方式。

(5) 分配器、分支器尽可能安装在建筑物内,但不论安装在室内外,均应装入防护盒内且符合电波泄漏标准。安装在户外时,距地面一般在 2.5m 左右。用户终端盒的安装高度可取其下沿距地面 30cm 到 150cm。

8.6.3 图纸解读

本节将根据前面讲解的内容对电缆电视图纸进行讲解,从事电缆电视系统设计及设备安装,或者想对电缆电视有深入了解,都必须能够看懂电缆电视的图纸。基于规范及相关标准,列出以下图例见表 2-8。

在电缆电视的安装过程中,用户终端接线是至关重要的,也是安装频率最高的器件。所以下面重点介绍用户终端接线方式（图 2-30）：

(1) 方案一适用于一户有一台电视机。

(2) 方案二适用于一户有两台电视机,每户加一进户盒,便于系统扩展。

图 例 表   表2-8

类别	序号	图形符号	说 明	符号来源
天线	1		天线（VHP、UHF、FM）	GB 10-04-01
	2		抛物面天线	GB 10-05-13
前端	3		本地天线的前端(示出一路天线) 注：支线可在圆上任意点画线	GB 11-09-01
	4		无本地天线的前端（示出一路干线输入一路干线输出）	GB 11-09-02
放大器	5		放大器一般符号	GB 10-15-01
	6		可以控制反馈量的放大器	GB 11-10-04
分配器	7		二分配器	GB 11-11-01
	8		三分配器	GB 11-11-02
	9		四分配器	CECS 37.91
	10		定向耦合器	GB 11-11-03
用户分支器与系统输出口	11		一分支器（示出一路分支）1.圆内的线可用代号代替，2.若不产生混乱,表示用户馈线支线的线可省略	GB 11-12-01
	12		示例标有分支量的用户分支器（未示出用户线）	非标
	13		二分支器	CECS 37.91
	14		三分支器	CECS 37.91
	15		四分支器	CECS 37.91
	16		系统输出口（用户终端盒）	GB 11-12-02
	17		串接式系统输出口（串接单元）	GB 11-12-03
	18		具有一路外接输出口的串接式系统输出口（串接一分支）	SJ 7.7
匹配终端	19		终端电阻（匹配负载）	GB 10-08-25
	20		接地（接机壳或接底板）	GB 02-15-05
光纤和光器件	21		光纤或光缆一般符号	GB 10-25-01
	22		光接收机	CECS 37.91
	23		光发射机	CECS 37.91
	24			

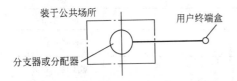
方案一：一条入户线接一个用户终端盒

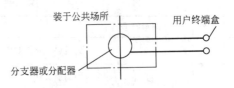
方案四：二条入户线接二个用户终端盒

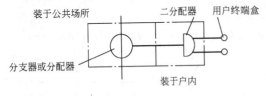
方案二：一条入户线经分配器接二个用户终端盒

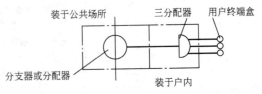
方案五：一条入户线经分配器接三个用户终端盒

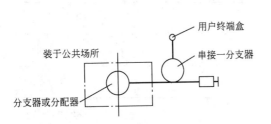
方案三：一条入户线经串接一分支器接二个用户终端盒

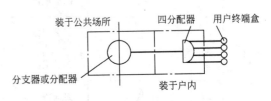
方案六：一条入户线经分配器接四个用户终端盒

图 2-30　用户终端的六种接线方式

（3）方案三适用于一户有两台电视机，安装方便，不利于发展。

（4）方案四适于一户有两台电视机，便于管理。

（5）方案五适用于一户有三台电视机，使用此方案应征得当地有线电视网管理部门的同意。

（6）方案六适用于一户有四台电视机，使用此方案应征得当地有线电视网管理部门的同意。

（7）线框内设备箱外形尺寸：210mm×160mm×80mm。

根据前面图形符号的讲解和接线方式的讲解，下面是高层住宅的图纸举例，图 2-31 所示。本图为高层住宅每梯八户，每户进二条入户线；进线按有线电视系统下部引入方式考虑，当接收开路电视系统时，进线应为上部引入；系统分成四路垂直引线；本系统分配采用分配分支方式，由分支器引出一条入户线接用户输出口；入户线接用户输出端参考用户终端接线方式。

8.6.4　举例

有一座六层的多层住宅楼，分四单元（四个门），每单元为四个用户，楼层间距为 2.8m，要求接收 5、8、14、20 四个频道电视节目，试设计该系统，并画出施工设计图。

设计计算如前所述，设计成的系统图如图 2-32 所示。图 2-33（a）为底层平面图，其剖面图如图 2-33（b）所示，图中市有线电视网电缆由地下埋管引入，也可从一楼架空引入，如图中虚线所示。分支器嵌墙安装，下口沿离地2.2m。天线和前端可设在该楼顶层。干线采用 SYKV-75-9，穿管敷设；用户配线采用 SYKV-75-5-1 型，穿管敷设。

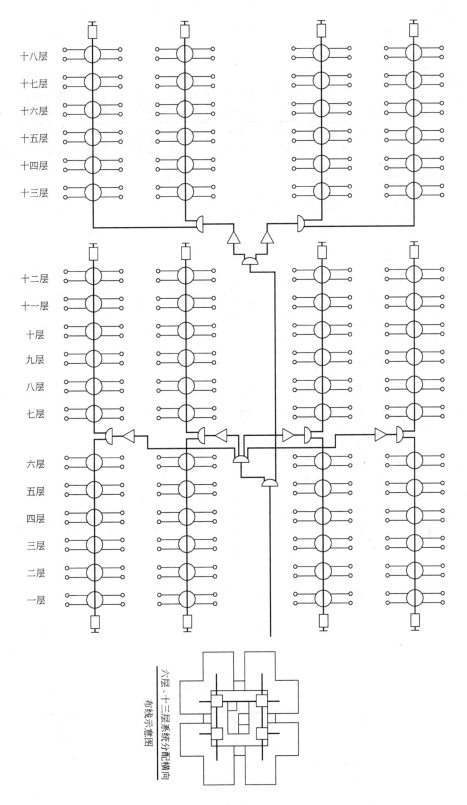

图 2-31 高层建筑用户终端的接线方式

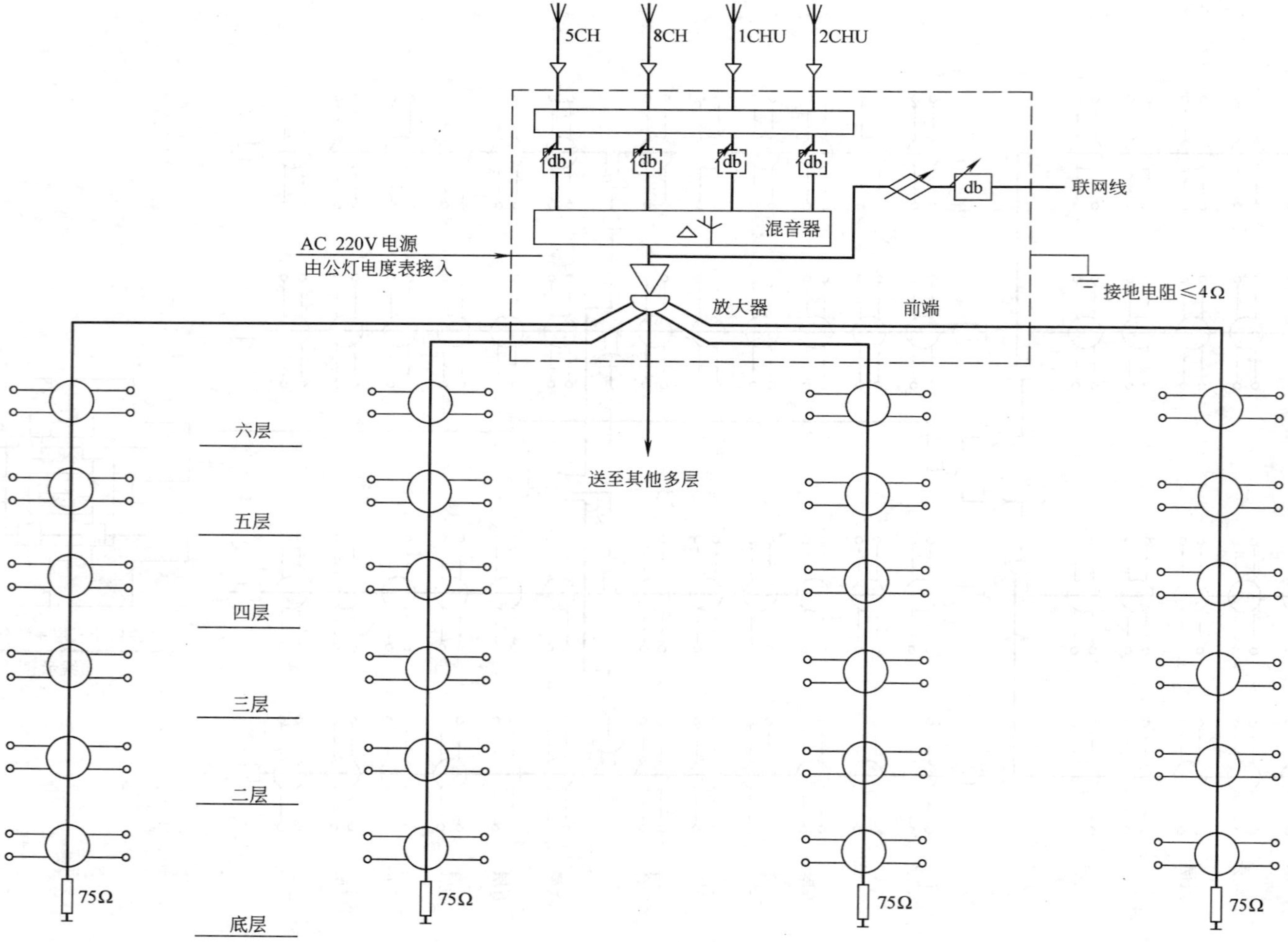

图 2-32 6层住宅楼系统设计图

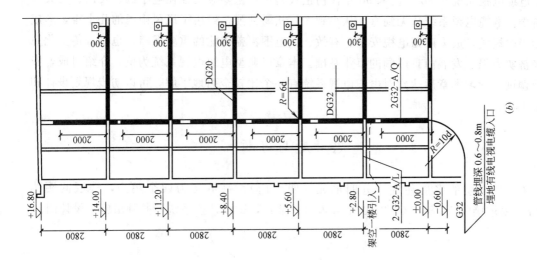
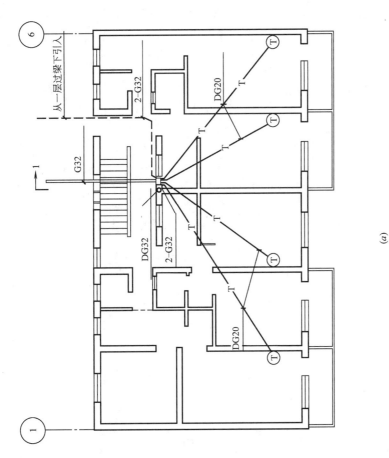

图 2-33 平、剖平面图
(a) 底层平面层;(b) 1-1 剖面图

小　结

电缆电视系统从 80 年代末 90 年代初正式起步，主要应用在住宅小区、宾馆、机关等建筑物。电缆电视系统从无到有，从小到大，从弱到强，经历了风风雨雨的几十年，形成了相当的规模，成为广播电视安全、有效、大范围覆盖传输的重要保障，也是宣传文化系统经济实力强、发展前景广阔的事业基础。本章以典型电缆电视系统为例，介绍组成、安装及调试，学习本章后达到对电缆电视系统有一个比较全面地了解，可以初步规划设计和安装调试。

思考题与习题

有一座 6 层的多层住宅，分四单元（四个门），每单元为四个用户，楼层间距为 2.8m，要求接收 5、8、14、20 四个频道电视节目，试设计该系统，并画出施工设计图。

单元 3 电视监控系统

课题 1 电视监控系统基本构成和工作过程

1.1 电视监控系统基本介绍

电视是利用无线电电子学的方法即时的显示并能即刻远距离传送活动景物图像的一门科学技术,其最大特点是可以把远距离的现场景物即时的"有声有色"地展现在我们面前。

正因为如此,目前电视监控技术的应用领域非常广泛,在我们的社会政治、文化生活方面起着重要的作用。电视监控系统就是利用电视技术收集、整理、处理我们所需的信息。图像信息最能准确地说明和较全面地反映情况,正如通常所说的"百闻不如一见"。

1.2 电视监控系统的基本特点及应用

根据电视信号传输方式的不同,电视系统可以分为闭路电视系统和开路电视系统两大类。开路电视系统是将图像信息经载波调制后通过空间电磁波将信息传送给用户,一般用于广播电视。闭路电视监控系统是通过有线的传输线路,把图像信号传送给某一局部范围内特定的用户。闭路电视监控系统一般多用于安全防范领域,在工农业生产、科学研究、教育、国防军事、金融、交通等领域也广为使用。

1.2.1 电视监控系统的基本特点

(1) 实时性:可将现场情景即时摄取下来,并传送到监控中心。

(2) 高灵敏性:摄像机的灵敏度逐步提高。

(3) 监视空间大:采用多部摄像机组成一个监视网,可以做到大面积的观察,也可以做到某一局部范围的特写。

(4) 便于隐蔽和遥控。

(5) 方便经济:资料易于处理保存。价格逐步降低。

(6) 在非可见光领域应用:使用专门的摄像机可以摄取红外、紫外、X射线等非可见光信息图像。

(7) 长期有效性:摄像机可以长时间连续工作,提供信息准确。

1.2.2 闭路电视监控系统在安全防范中的应用

(1) 用于对重要场所、大型活动、机要单位的安全保卫。

(2) 用于对商场、书店等商业经营单位的闭路电视监控,可以防止商品被盗,同时也可以精简人员,改善经营管理、提高工作效率。

(3) 用于银行、金库等金融系统的电视监控,以确保安全。

(4) 用于博物馆、文物保护单位等处的电视监控系统，用以保护贵重文物和展品。

(5) 用于工厂等生产单位，是工厂实现现代化管理的重要组成部分。特别对于那些高温、高压、有毒、噪声大的场所实现远距离监视。

(6) 用于机场、车站、港口、海关等大流量旅客交通要道处的安全检查监视系统。

(7) 用于大面积油田、森林等处的消防电视监控系统，可以及时发现火情迅速采取扑救措施。

(8) 用于旅游饭店、宾馆内的电视监控系统，可供保卫部门监看情况。

(9) 用于监狱、看守所等处，可用来监视案犯的情况，有效加强对案犯的管理和改造工作。

(10) 用于医院的医疗电视监控，也可将手术台手术的过程通过电视监控系统直观、即时的传送给有关人员进行观看学习。

(11) 用于交通现代化管理。

在实际使用中，电视监控系统经常与其他的安全防范设备一起配合使用，相辅相成，以便发挥出更大的作用。

1.3 闭路电视监控系统的基本组成

根据监控区域的大小以及实际的需要，闭路电视监控系统可有大、中、小型之分。而所谓系统的大中小之分只是设备数量的多少、设备质量的高低以及系统的复杂程度上有所差异而已。闭路监控系统主要由下列四部分组成，如图3-1所示。

图 3-1 闭路电视监控系统组成

(1) 产生图像的摄像机或成像装置；
(2) 图像的传输；
(3) 图像的控制；
(4) 图像的显示与记录。

基本闭路监控系统是由四个部分组成，但根据不同的要求其组成形式可以分为以下五种，如图3-2所示，应用场合详见表3-1。

闭路电视监控系统的四种组成型式的应用场合　　　　　表 3-1

序号	组成方式		应用场合
1	单头单尾方式	固定云台，如图(a)	用于一处连续监视一个目标或一个区域
		电动云台，如图(b)	
2	单头多尾方式，如图(c)		用于多处监视同一个固定目标或区域
3	多头单尾方式，如图(d)		用于一处集中监视多个目标或区域
4	多头多尾方式，如图(e)		用于多处监视多个目标或区域

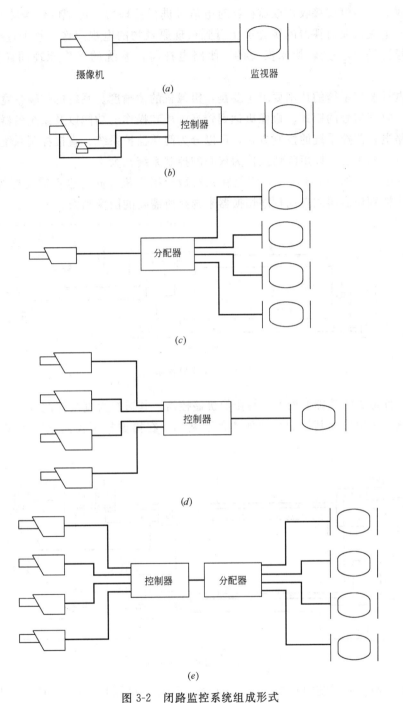

图 3-2 闭路监控系统组成形式
(a) 单头单尾方式一；(b) 单头单尾方式二；(c) 单头多尾方式；(d) 多头单尾方式；(e) 多头多尾方式

1.4 闭路电视监控系统的基本工作过程

电视传像的整个过程概括起来说就是"光信号"与"电信号"的相互转换过程。在前端电视摄像机将景物的光信号转换为电信号。这一信号经过处理，通过有线或无线传输后，在接收端，经电视接收机或监视器对电信号进行处理后，再把电信号转变为光信号，人们就能从电视机或监视器的荧光屏上看到重现原景物的电视图像。整个过程就是光-电转换、信号传送、电-光转换来实现的。闭路电视监控系统的工作原理同样也遵循上述过程。

闭路电视监控系统的技术要求主要是：摄像机的清晰度、系统的传输带宽、视频信号的信噪比、电视信号的制式、摄像机达到较高画质和操作的功能以及系统各器件的环境适应度。闭路电视监控系统的控制方式，可以分为简单监控系统、直接控制系统、间接遥控系统、微机控制系统、以矩阵切换器为核心的控制系统几大类。

最简单的系统如图 3-3 所示，它是在只有数台摄像机，同时也不需要遥控的情况下，以手动操作视频切换器或自动顺序切换器来选择所需要的图像画面。

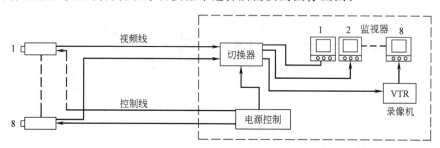

图 3-3　简单监控系统

在第一种形式的基础上加上简易摄像机遥控器，其遥控为直接控制方式，如图 3-4 所示。它的控制线数将随其控制功能的增加而增加，在摄像机离控制室距离较远时，不宜使用。

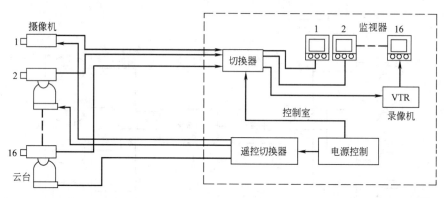

图 3-4　直接控制系统

具备了一般监视系统的基本功能，遥控部分采用间接控制方式，如图 3-5 所示。降低了对控制线的要求，增加了传输距离。但对大型控制系统不太适用，因为遥控越多，控制线要求也越多，距离较远时，控制也较困难。

微机控制的矩阵切换方式，这种方式应用广泛，如图 3-6 所示。它可采用串行码传输控制信号，系统控制线只需两根。该方式便于实现大、中型监控系统。

视频矩阵切换控制器也响应由各类报警探测器发送来的报警信号，并联动实现对应报警部位摄像机图像的切换显示，如图 3-7 所示。

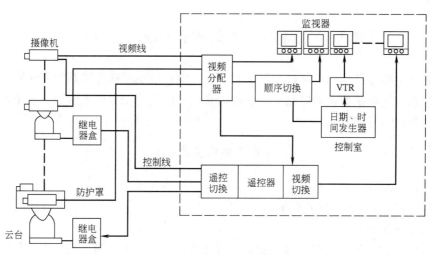

图 3-5 间接遥控系统

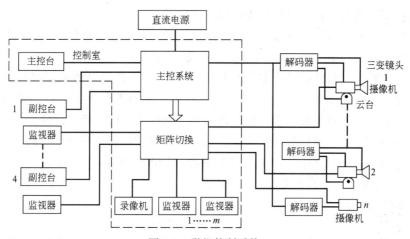

图 3-6 微机控制系统

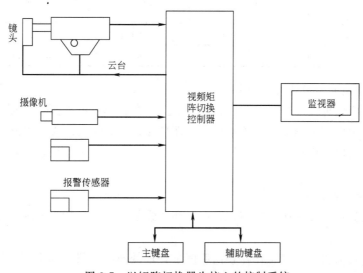

图 3-7 以矩阵切换器为核心的控制系统

课题2 闭路电视监控系统前端设备

前端系统主要包括电视摄像机及其配套设备,他们的主要任务就是为了获取被监控区域的各种信息。电视摄像机能够把活动景物的光信号转变为图像的电信号,它是电视监控系统中最主要的信号源。

2.1 电视摄像机的分类

电视摄像机的分类方式有多种。

2.1.1 按摄像器件的种类来分

(1) 摄像管摄像机

电视摄像管是一种真空电子管,它是利用电子束扫描,把景物的光学图像转换成电信号的。此种摄像机多用于广播电视转播系统。

(2) 固体摄像器件摄像机(简称固体摄像机)

固体摄像器件是20世纪70年代初期发展起来的一种新型摄像机。其中最具代表性的是电荷耦合器件(Charge Coupled Device——简称CCD),它是一种金属氧化物半导体(MOS)超大规模集成电路器件,基本原理就是对反映信息的电荷进行存储、转移和输出,实质上是一种模拟量的移位寄存器。它具有一些独特的优良性能,如体积小、重量轻、功耗低、惰性小、机械强度高、使用寿命长、无畸变、抗晕光、抗烧伤、光动态范围大、光谱响应宽等优点。正因为固体摄像机具有上述诸多优点,并且价格低,因此被广泛使用到闭路电视监控系统之中。CCD摄像机靶面像场的值如表3-2所示。

CCD成像面的尺寸有1/2英寸、1/3英寸、2/3英寸、1英寸等几种,其中1/2英寸、1/3英寸目前使用较多。

CCD摄像机靶面像场的值　　　　　　　　　　　　　　　　　　　　表3-2

摄像机管径 像场尺寸	1英寸(25.4mm)	$\frac{2}{3}$英寸(17mm)	$\frac{1}{2}$英寸(13mm)	$\frac{1}{3}$英寸(8.5mm)	$\frac{1}{4}$英寸(6.5mm)
像场高度a(高)	9.6mm	6.6mm	4.6mm	3.6mm	2.4mm
像场宽度b(宽)	12.8mm	8.8mm	6.4mm	4.8mm	3.2mm

2.1.2 按所摄取的图像种类来分

按所摄取的图像种类来分可以分为黑白电视摄像机和彩色电视摄像机两种。

由于彩色摄像机不但能反映图像的亮度,而且能显示图像的色彩,因此,从这个角度来讲,它能比黑白摄像机获取到更多的信息量。所以在闭路电视监控系统中彩色摄像机的应用越来越广泛。

2.1.3 按适用照度来分

(1) 普通摄像机。要求照度较高,在白天和较强的灯光下才能摄取到满意的图像,最低照度一般在10lx以上。

(2) 低照度摄像机。可以工作在较低照度下,最低照度一般为0.1~0.5lx左右。

(3) 微光摄像机。最低照度可达0.0001lx。

照度是选择摄像机的一个重要指标。

自然界的景物照度变化很大,其范围约为 $10^{-4} \sim 10^5 \mathrm{lx}$。表 3-3 中列出了几种不同自然条件下的典型景物照度(近似值),供参考。

不同自然条件下典型景物照明　　　　　　　　　　　　　表 3-3

自然条件	景物照度(lx)	自然条件	景物照度(lx)
太阳直射	1×10^5	全月晴空	20
晴朗白天	1×10^4	半月晴空	1×10^{-1}
阴天	1×10^3	1/4 月晴空	1×10^{-2}
黄昏	1×10^2	无月晴空	1×10^{-3}
黎明	10	无月阴云夜空	1×10^{-4}
微明	1		

2.2　CCD 摄像机主要技术指标

(1) 电视标准,即电视制式

黑白电视制式:全世界现行的黑白电视制式有 A、B、C、D、E、F、G、H、I、J、K、L、M、N 共十四种。

彩色电视制式:全世界现行的彩色电视制式有三大种:NTSC 制、PAL 制和 SECAM 制。

我国采用的电视制式标准是 PAL-D 制式,625 行(每帧图像的扫描行数),50Hz(场频)。应选用符合我国电视制式的标准摄像机。

(2) CCD 摄像器件尺寸

CCD 摄像器件尺寸,即成像面或靶面的尺寸($h \times v$)。

(3) CCD 摄像器件像素

CCD 摄像器件的像素越多,图像的分辨率越高、越清晰。

(4) 图像的清晰度(电视线 TVL)

这是摄像机一项很重要的技术指标,又称水平清晰度。清晰度用电视线(TVL)来表示。它的数值除与摄像器件及镜头的质量有关之外,还与摄像机系统的电路通道的频带宽度直接相关。通常规律是频带宽度增加 1MHz,相当于清晰度增加 80TVL,所以电路通道频带越宽图像就越清晰,TVL 的数值也就越大。基本有以下的对应关系,参见表 3-4。

清晰度线与频带的对应关系　　　　　　　　　　　　　表 3-4

清晰度线(TVL)	140	220	300	380	450
频带宽度	1.8MHz	2.8MHz	3.8MHz	4.8MHz	5.625MHz

(5) 摄像机的灵敏度,或最低照度

在摄像机的分类方式中我们已讲过:按灵敏度来分,摄像机可分为普通摄像机、低照度摄像机和微光摄像机。显然,摄像机要求的最低照度的数值越小,摄像机的灵敏度就越高。一般彩色摄像机要求的最低照度比黑白摄像机要高,通常最低度在 1lx 以上。而某些黑白摄像机的最低照度可低至 $10^{-4} \sim 10^{-5} \mathrm{lx}$。所以,应根据监控现场的最低照度来选择合适灵敏度的摄像机。

（6）信噪比

信噪比是指摄像机输出图像信号的信号与噪声之比。比值越大，图像上呈现的噪声干扰越小，图像质量越高。一般应大于-45dB以上。

（7）摄像机的同步方式

所谓摄像机的同步方式是指摄像机与某一信号锁定的工作方式。摄像机的同步方式分为以下三种：

1)"内同步"工作方式：指摄像机只与自身晶体振荡电路所产生的行、场同步信号锁定的工作方式。

2)"外同步"工作方式，又称台从同步：指摄像机与由其外部输入的全电视信号或复合同步信号锁定的工作方式。这一外来信号可以是某一基准信号源（如同步信号发生器）输出的信号或监控系统中某一摄像机输出的视频信号。

3)"与电源同步"的工作方式：指摄像机与外加交流电源锁定的工作方式。即摄像机输出信号的场频是与50Hz交流电源的频率和相位锁定的。实际上这也是另一种形式的"外同步"工作方式，只是与前述的外同步信号不同而已。摄像机在出厂时一般是将其场同步调整到与交流电源过零点的相位锁定的，即与电源零线同步。

（8）视频输出

指摄像机输出的黑白或彩色全电视信号（VBS）的幅度。通常规定为1Vp-p，75Ω。

（9）镜头接口

摄像机的镜头接口有CS型接口和C型接口之分。换句话说，镜头与摄像机的连接方式可分为CS型安装方式和C型安装方式两种。镜头与摄像机的连接方式如图2-1所示。CS型镜头与C型镜头的不同尺寸如表3-5所示。

CS型镜头与C型镜头的不同尺寸（mm） 表3-5

连接方式	螺纹标记 A	定位面至螺纹端面距离 B	装座距离 Z	定位面最大直径 D
C 型	1-32UN	3.71~4.06	17.52±0.02	30.15
CS 型	1-32UN	3.71~4.06	12.52±0.02	30.15

由表3-5中可以看出，CS型镜头与C型镜头的不同点仅在于装座距离的尺寸不同。C型镜头的 $Z=17.52$ mm，而CS型镜头的 $Z=12.52$ mm，两者相差5mm。所谓装座距离是指空气光程，也就是镜头的定位面到摄像机成像面之间的距离，又称凸缘后距。

2.3 CCD摄像机的主要形式

CCD摄像机按照设备外观和使用形式可以分为：枪式摄像机、半球摄像机等，见图3-8。现在有一种电视监控系统把云台、变焦镜头和摄像机封装在一起组成一体化摄像机。它们配有高级的伺服系统，云台具有很高的旋转速度，还可以预置监视点和巡视路径。平时按设定的路线进行自动巡视，一旦发生报警，就能很快地对准报警点，进行定点的监视和录像。一台摄像机可以起到几个摄像机的作用。

(a) (b) (c)

图 3-8 摄像机外观图
(a) 半球式摄像机；(b) 一体化球式摄像机；(c) 枪式摄像机

2.4 摄像机镜头

镜头是摄像机必不可少的配套设备，被摄景物的成像质量在很大程度上也取决于光学镜头的质量，其外观如图 3-9 所示。

图 3-9 镜头外观图

实际的摄像机光学镜头是由多个单片透镜组成，组成一个透镜组。镜头的技术参数主要包括焦距、聚焦、线放大率、视场角、光圈的相对孔径、景深。

(1) 按摄像机镜头规格分：有 1 英寸、1/2 英寸、1/3 英寸等规格，镜头规格应与 CCD 靶面尺寸相对应，即摄像机靶面大小为 1/3 英寸时，镜头同样应选 1/3 英寸的。

(2) 按镜头安装分：C 安装座和 CS 安装座。两者之螺纹相同，但两者到感光表面的距离不同。前者从镜头安装基准面到焦点的距离为 17.56mm，后者为 12.56mm。

(3) 按镜头光圈分：手动光圈和自动光圈。自动光圈镜头有两类：1) 视频输入型，将视频信号及电源从摄像机输送到镜头来控制光圈；2) DC 输入型，利用摄像机上的直流电压直接控制光圈。

(4) 按镜头的视场大小分：

1) 标准镜头：视角 30°左右，在 1/2 英寸 CCD 摄像机中，标准镜头焦距定为 12m；在 1/3 英寸 CCD 摄像机的标准镜头焦距定为 8m，参见表 3-6。

2) 广角镜头：视角 90°以上，焦距可小于几毫米，但可提供较宽广的视景。

3) 远摄镜头：视角 20°以内，焦距可达几米至几十米，并可远距离将拍摄的物体影像放大，但使观察范围变小。

4) 变倍镜头：亦称伸缩镜头，有手动和电动之分。

5) 变焦镜头：它介于标准镜头与广角镜头之间，焦距可连续改变。

常用定焦距镜头参数表　　　　　　　　　　表 3-6

焦距(mm)	最大相对孔径	像场角度		分辨能力(线数/mm)		透射系数	边缘与中心照度比(%)
		水平	垂直	中心	边缘		
15	1:1.3	48°	36°	—	—	—	—
25	1:0.95	32°	24°	—	—	—	—
50	1:2	27°	20°	38	20	—	48
75	1:2	16°	12°	35	17	0.75	40
100	1:2.5	14°	10°	38	18	0.78	70
135	1:2.8	10°	7.7°	30	18	0.85	55
150	1:2.7	8°	6°	40	20	—	—
200	1:4	6°	4.5°	38	30	0.82	80
300	1:4.5	4.5°	3.5°	35	26	0.87	87
500	1:5	2.7°	2°	32	15	0.84	90
750	1:5.6	2°	1.4°	32	16	0.58	95
1000	1:6.3	1.4°	1°	30	20	0.58	95

6) 针孔镜头：镜头端头直径几毫米，可隐蔽安装。

(5) 按镜头焦距分：

1) 短焦距镜头：因入射角较宽，故可提供较宽广的视景。

2) 中焦距镜头：标准镜头，焦距长度视 CCD 尺寸而定。

3) 长焦距镜头：因入射角较窄，故仅能提供狭窄视景，适用于长距离监视。

4) 变焦距镜头：通常为电动式，可作广角、标准或远望镜头用。

2.5　摄像机的其他配套设备

根据监控工作的实际需要，前端摄像机一般都公开或隐蔽地安装在室内或室外，并且要长时间的工作，一般要求满足"全天时、全天候"的使用要求。因此为了保证摄像机的正常工作，需要有相应的其他配套设备，如防护罩、云台及支架等。

2.5.1　摄像机防护罩

摄像机防护罩用于监控系统的摄像机，特别是置于室外的摄像机，一年四季全天候进行工作，环境条件变化无常，有时需要在相当恶劣的条件下工作。例如，风沙、雨、雪、冰雹、烟雾、高温等。为了保证摄像机工作的可靠性，延长其使用寿命，必须给摄像机配装具有多种特殊性保护措施的外罩，称为防护罩。一般防护罩的功能是防尘、防雨雪风霜、自动调节温度等，根据需要，还可以附加防爆、防砸、防腐蚀、防冲击、防烟雾、防辐射等一些特殊的功能。室外形防护罩多采用双层壳体、密封结构。前窗玻璃上设置雨刷。玻璃还可以加温以防止结冰霜。防护罩内还设有电加温器、电风扇，根据壳内温度的高低，由温控开关控制它们的工作。另外为了防止阳光直射摄像机，还应加装防阳光直射的遮光罩。防护罩可分为室内和室外形两种，显然后者的要求比前者要高，价格也要贵些。防护罩的外形有多种式样，如图 3-10 所示为两种室外及室内型防护罩以及球形及半球形防护罩。

2.5.2　摄像机云台及支架

云台不仅起到支撑和安装摄像机的作用，更重要的是扩大了摄像机的视野范围。云台可以使摄像机在水平和垂直方向任意转动和俯仰，因而在某种意义上它起到了变一台摄像

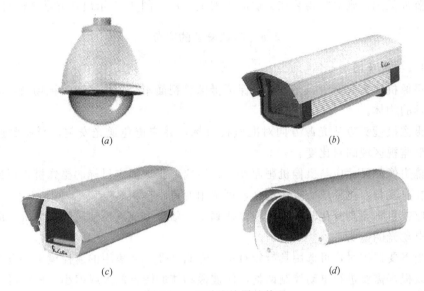

图 3-10 几种防护罩的外观

(a) 球型防护罩；(b) 枪式室内防护罩；(c) 枪式室外防护罩；(d) 防爆型防护罩

机为多台摄像机的作用。云台可分为手动式和电动式两种。在监视系统中，电动式云台获得了广泛的应用。电动云台多是由中心控制室通过摄像机遥控单元来进行控制的。电动云台是一种以微电机为动力，通过传动机构，带动摄像机在水平方向转动和在垂直方向做俯仰的一种机械装置。

实际工作时，带动摄像机旋转的云台，其转动速度很慢，一般在 0.5～1r/min，因为旋转太快会影响摄像机监视的图像质量。因此，要求微电机启动转矩要大，转动惯量要小，动作要迅速，具有平滑的速度调节特性；结构坚固、体积小、重量轻。同时还要求云台在水平和垂直方向旋转时，在任意位置停下时均能自锁。并且在垂直和水平四个极限位置装有微动开关来起限位作用，以保证转动角度不超过规定的范围。电动云台分为交流和直流云台两种类型。交流云台用于定速操作，而直流云台用于全变速操作，速度更快，特别适用于带预置的系统。带预置的云台可对预置点进行编程，并可快速调出预置点图像，很适合于在监控系统中使用。

摄像机安装在云台上后还要根据安装要求选择合适的支架来固定。有的摄像机只要求

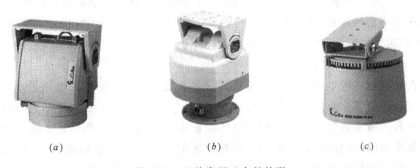

图 3-11 几种常用云台的外形

(a) 室内全方位云台；(b) 室外全方位云台；(c) 水平云台

有固定的监视范围，则只需要装在合适的支架上即可。图 3-11 示出几种常用云台的外形。

2.6　前端设备的安装

2.6.1　安装原则

（1）摄像机镜头应避免强光直射，保证摄像管靶面不受损伤。镜头视场内，不得有遮挡监视目标的物体。

（2）摄像机镜头应从光源方向对准监视目标，并应避免逆光安装；当需要逆光安装时，应降低监视区域的对比度。

（3）镜头像面尺寸应与摄像机靶面尺寸相适应。摄取固定目标的摄像机，可选用定焦距镜头；在有视角变化要求的摄像场合，可选用变焦距镜头。

（4）监视目标亮度变化范围高低相差达到 100 倍以上或昼夜使用的摄像机，应选用自动光圈或电动光圈镜头。

（5）当需要遥控时，可选用具有光对焦、光圈开度、变焦距的遥控镜头；电动变焦镜头焦距可以根据需要进行电动控制调整，使被摄物体的图像放大或缩小，焦距可以从广角变到长焦，焦距越长成像越大。

2.6.2　前端设备的安装

（1）室内摄像机的安装方法

室内摄像机安装高度为 2.5～5m，摄像机的安装可以根据摄像机的重量选用膨胀螺栓或塑料胀管和螺钉。安装方式可以分为吊装和壁装。如图 3-12 所示。

（2）室外摄像机的安装方法

室外摄像安装时，防护罩要选用室外防水型，云台也应为室外形。摄像机的控制电缆应能满足云台的自由转动。如图 3-13 所示。

（3）球型摄像机的安装方法

球型摄像机分为定点和动点摄像机两种，定点摄像机一般均为半球型，动点摄像机分为半球型、全球型和快球一体化型三种。如图 3-14 所示。

2.7　视频监控系统中对前端设备的控制

为了确保电视监控系统的摄像机始终处于正常和有效的监视状态，终端控制中心的值班人员需要随时对前端设备进行遥控，如对摄像机要进行摄像机电源的开/关；云台在垂直方向的上/下俯仰或在水平方向的左/右转动；镜头光圈的大/小调整；镜头聚焦的远/近调整；变焦距镜头焦距长/短（T/W）的调整；防护罩上雨刷的开/关；除霜加热装置的开/关以及照明灯的开/关等及其他一些辅助功能的控制项目。

2.7.1　控制信号的传输方式包括

（1）直接控制：控制中心把控制量，如云台和变焦距镜头的电源电流等，直接送入被控设备。特点是简单、直观、容易实现。在现场设备比较少，主机为手动控制时适用。但在被控的云台、镜头数量很多时，控制线缆数量多，线路复杂，所以在大系统中不采用。

（2）多线编码的间接控制：控制中心把控制的命令编成二进制或其他方式的并行码，由多线传送到现场的控制设备，再由它转换成控制量来对现场摄像设备进行控制。这种方式比上一种方式用线少，在近距离控制时也常采用。

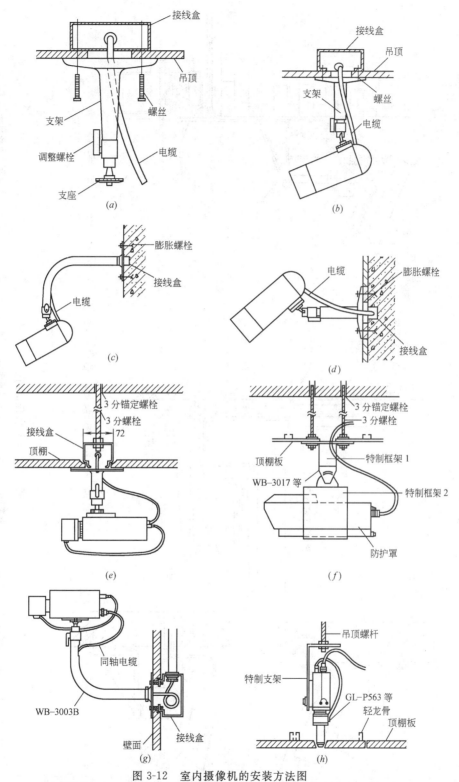

图 3-12 室内摄像机的安装方法图
(a) 支架吊装方法；(b) 室内固定摄像机吊装方法；(c) 室内固定摄像机壁装方法一；
(d) 室内固定摄像机壁装方法二；(e) 室内固定摄像机带吊顶吊装方法一；(f) 室内固定摄像机带吊顶吊装方法二；(g) 室内固定摄像机壁装方法；(h) 室内固定针孔镜头摄像机吊装方法

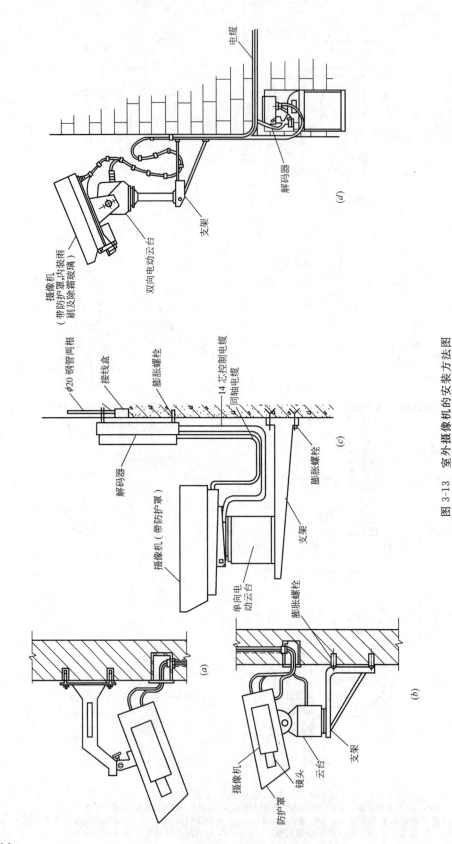

图 3-13 室外摄像机的安装方法图

(a) 室外固定摄像机壁装方法；(b) 室外带云台摄像机壁装方法；(c) 室外动点带云台摄像机壁装方法一；(d) 室外动点带云台摄像机壁装方法二

(3) 通信编码的间接控制：随着微处理器和各种集成电路芯片的普及，目前规模较大的电视监控系统大都采用通信编码，常用的是串行编码。它的优点是：用单根线路可以传送多路控制信号，从而大大节约了线路费用，通信距离在不加中间处理的情况下可传 1km 以上，加处理可传 10km 以上。这样就克服了前面两种方式的缺陷。

除了以上方法外，还有一种控制信号和视频信号复用一条电缆的同轴视控传输方式。这种方式不需另铺设控制电缆。它的实现方法有两种：一种是频率分割，即把控制信号调制在与视频信号不同的频率范围内，然后同视频信号一起传送，到现场后再把它们分解开；另一种方法是利用视频信号场消隐期间传送控制信号。这种方法在短距离传送时明显比其他方法要好，但设备的价格相对也比较昂贵。

2.7.2 通信编码控制方式基本原理

在每一个摄像机附近都放置有一个解码器或称前端接口控制设备。解码器接收由监控中心的控制器或控制主机发出的各种控制信号的编码信号，由解码器将信号解码后，就可以去分别控制云台、镜头和辅助功能的动作。在中心控制室，通过对键盘的操作可发出各种控制指令，这些控制指令由编码器形成脉冲编码的控制信号，经并/串转换后，再经激励放大就可以利用一个通道来进行较远距离的传输。到达前端的接口控制设备处，先将信号进行整形放大和串/并转换后，再由解码器将各脉冲编码信号还原为动作控制信号，送往动作控制电路就可以分别去控制动作了。

中心控制室对各个前端设备的控制，可采用单地址控制方式和多地址控制方式两种形式。其中多地址控制方式可以利用一条线路来对多个前端设备进行多种动作的控制。若要控制 256 个摄像机和 256 个动作，则需用 16 比特码，前 8 比特作为地址码，后 8 比特作为动作码。解码器是电视监控系统中的前端接口控制设备，它接收视频矩阵切换/控制主机发出的控制信号，实现对云台、镜头等设备的控制。解码器接收视频矩阵切换/控制主机发出控制信号的方式有多种类型。一种是利用屏蔽双绞线直接接收专用格式的动作控制码（一般为曼彻斯特码），另一种是利用多芯电缆，采用 RS-232 接口来接收 ASCⅡ 码控制数据。再一种是与视频信号共用同轴电缆来接收控制信号的方法。

解码器可分为单路型和多路型。单路型解码器仅控制一路摄像机，多路型解码器则可分别控制多路摄像机。解码器还可分为室内控制型解码器和室外控制型解码器。室外控制型解码器除可控制云台、镜头的动作外，还要控制室外防护罩上的雨刷、除霜加热器等的动作。置于室外的还要求密封、防尘、防水等性能要好。

课题 3 闭路电视监控系统视频信号传输

同轴电缆传输方式一般多用于中短距离的小型电视监控系统，目前通用的电视监控系统均采用同轴电缆来传送视频信号，这是一种最基本最通用的传输方式。

3.1 同轴电缆的主要特性

（1）结构特点

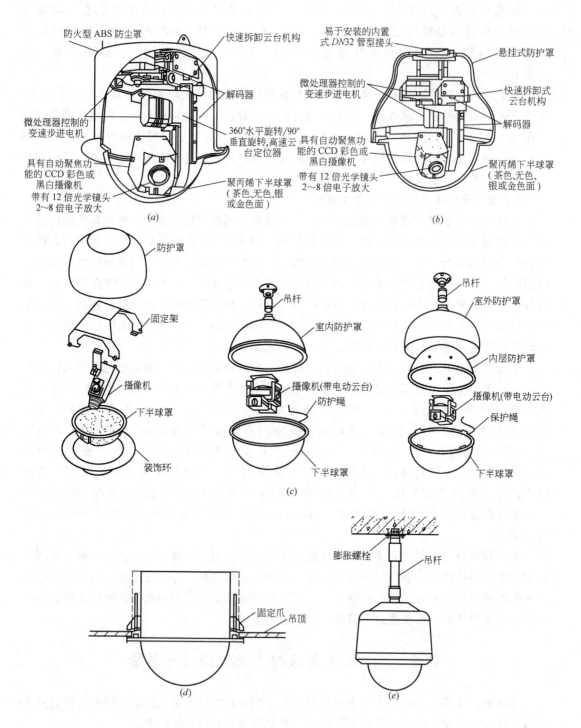

图 3-14 球型摄像
(a) 半球型摄像机结构图；(b) 全球型摄像机结构图；(c) 球型固定摄像机组成图室内球型云台摄像机组成图室外球
(g) 球型摄像机弯杆安装方法；(h) 球型摄像机壁装安装方法 (i) 球型摄像机杆装安装方法；

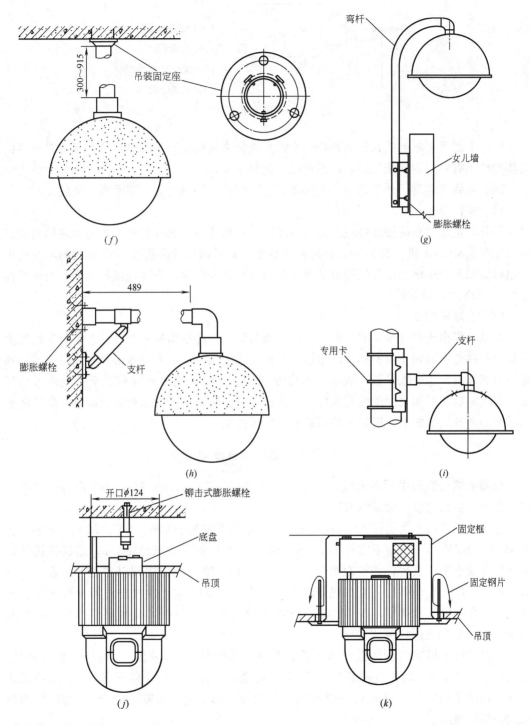

机的安装方法图例

型云台摄像机组成图；(d) 半球型摄像机吊顶嵌入安装；(e) 球型摄像机吊装方法；(f) 球型摄像机吊装方法；(j) 定点半球型摄像机吊顶安装方法；(k) 定点半球型摄像机吊顶嵌入安装方法

同轴电缆是一种内外导体处于同心圆位置的同轴管型传输线。如图3-15所示。

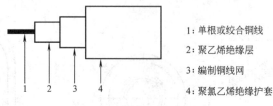

图3-15 同轴电缆示意图

1：单根或绞合铜线
2：聚乙烯绝缘层
3：编制铜线网
4：聚氯乙烯绝缘护套

同轴电缆可将电磁波几乎全部集中在内外导体之间的空间，而且由于外导体对外界的电场和磁场有较好的屏蔽作用，因而可以大大减少串扰。

同轴电缆工作时，外层总是处于接地状态。因此同轴电缆是"不平衡"电缆。

（2）特性阻抗

特性阻抗表示在同轴线终端匹配的情况下，电磁波沿同轴线传播。现有的同轴电缆系列特性阻抗有75Ω和50Ω两种。传输音频信号一般采用特性阻抗为50Ω的同轴电缆；用于电视监控系统中传送图像信号时，为了能与其他各种电视设备实现阻抗匹配，均用特性阻抗为75Ω的同轴电缆。

（3）衰减常数 β

同轴电缆由于有外导体的屏蔽作用，由辐射引起的能量损耗一般可以忽略。其损耗主要是由导线的电阻和介质的损耗产生的。当传输线较长时，这种损耗必须予以考虑。同轴电缆的衰减量常用衰减常数 β 表示，单位为 dB/km，表示电磁能在每公里长度衰减的程度。衰减常数与同轴电缆的性能和传输的频率有关。同轴电缆对信号的衰减量一般是随着信号频率的升高而加大，近似与频率的平方根成正比。

3.2 同轴电缆的选择及敷设

视频电缆一般采用同轴电缆，常用型号为 SYV-75-9、SYV-75-5、SYV-75-3 等实心聚乙烯型。控制电缆一般采用 RVV 型电缆。

若保持视频信号优质传输水平，SYV-75-3 电缆不宜长于 50m，SYV-75-5 电缆不宜长于 100m，SYV-75-7 电缆不宜长于 400m，SYV-75-9 电缆不宜长于 600m；若保持视频信号良好传输水平，上述各传输距离可加长一倍。如传输的黑白电视基带信号，在 5MHz 点的不平坦度大于 3dB 时，宜加电缆均衡器，当大于 6dB 时，应加电缆均衡放大器。当传输的彩色电视基带信号，在 5.5MHz 的不平坦度大于 3dB 时，宜加电缆均衡器，当大于 6dB 时，应加电缆均衡放大器。

线路一般采用穿钢管暗敷设（扩建、改建工程除外）。当采用 SYV-75-9 型电缆时，管径应大于等于 25mm；当采用 SYV-75-5 型电缆时，管径应大于等于 20mm；采用工业电视电缆时管径应大于 38mm。一根钢管一般只穿一根电缆，如果管径较大可同时穿入两根或多根电缆。

电缆与电力线平行或交叉敷设时，其间距不得小于 0.3m；与通信线平行或交叉敷设时，其间距不得小于 0.1m。电缆的弯曲半径应大于电缆外径的 15 倍。

传输距离较远，监视点分布范围广，或需进电缆电视网时，宜采用同轴电缆传输射频调制信号的射频传输方式。长距离传输或需避免强电磁场干扰的传输，宜采用无金属的光缆。光缆抗干扰能力强，可传输十几千米不用补偿。

尽量避免电缆的接续。必须接续时应采用焊接方式或采用专用接插件。电源电缆与信号电缆应分开敷设。敷设电缆时应尽量避开恶劣环境，如高温热源、化学腐蚀区和煤气管线等。远离高压线或大电流电缆，不易避开时应各自穿金属管，以防干扰。电缆穿管前应将管内积水、杂物清除干净，穿线时涂抹黄油或滑石粉，进入管口的电缆应保持平直，管内电缆不能有接头和扭结。穿好后应做防潮、防腐处理。管线两固定点之间的距离不得超过1.5m。下列部位应设置固定点：(1) 管线接头处；(2) 距接线盒0.2m处；(3) 管线拐角处。

电缆应从所接设备下部穿出，并留出一定余量。在地沟或天花板内敷设的电缆，必须穿管（视具体情况选用金属管或塑料）。电缆端作好标志和编号。明装管线的颜色、走向和安装位置应与室内布局协调。在垂直布线与水平布线的交叉处要加装分线盒，以保证接线的牢固和外观整洁。

课题4　监控机房及控制设备

视频监控系统的终端设备置于电视监控系统指挥中心，它通过集中控制的方式，将前端设备传送来的各种信息进行处理和显示，并向前端设备或其他有关的设备发出各种控制指令。因此，中心控制室的终端设备是整个电视监控系统的中枢。

对于一个综合性的电视监控系统而言，中心控制室的主要设备应包括视频信号处理、显示、记录设备；控制切换设备等。主要有视频矩阵、监视器、录像机和一些视频处理设备。

4.1　控制室设备配置组成

(1) 图像监视器

图像监视器主要分为黑白和彩色两大类。黑白监视器的中心分辨率通常可达800以上，彩色监视器的分辨率一般为300以上。图像监视器视频信号的带宽一般在7～8MHz范围内。如图3-16所示。

(2) 录像设备

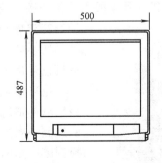
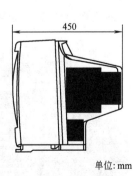

图3-16　某监视器的外观及尺寸

录像设备是闭路电视监视系统中的记录和重放装置，它要求可以记录的时间非常长。此外，录像机还必须有遥控功能，从而能够方便地对录像机进行远距离操作，或在闭路电视系统中用控制信号自动操作录像机。

闭路电视监控系统中专用录像设备目前有两种，一种是盒带式长延时录像机，一种是硬盘录像机。如图 3-17 所示。目前基本选用硬盘录像机，因为硬盘录像机同盒带式长延时录像机相比具有录像回放全实时、录像时间长、存储介质小、使用方便等特点。其中硬盘录像机又分为 PC 式和嵌入式两种，可以根据工程实际特点进行选用。

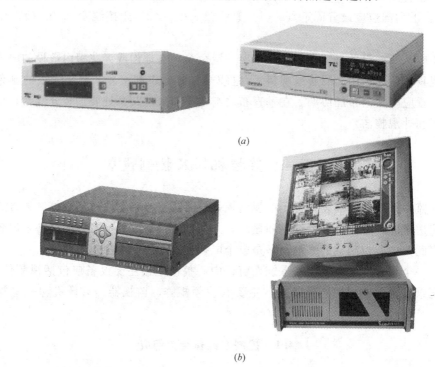

图 3-17　两种录像设备的外观图

（a）盒带式长延时录像机；（b）硬盘录像机

（3）视频切换器

在闭路电视监视系统中，摄像机数量与监视器数量的比例在 2∶1 到 4∶1 之间，为了用少量的监视器看多个摄像机，就需要用视频切换器按一定的时序把摄像机的视频信号分配给特定的监视器，这就是通常所说的视频矩阵。切换的方式可以按设定的时间间隔对一组摄像机信号逐个循环切换到某一台监视器的输入端上，也可以在接到某点报警信号后，长时间监视该区域的情况，即只显示一台摄像机信号。切换的控制一般要求和云台、镜头的控制同步，即切换到哪一路图像，就控制哪一路的设备，如图 3-18 所示。

图 3-18　切换器的外观图

（4）多画面分割器

在大型楼宇的闭路电视监视系统中摄像机的数量多达数百个,但监视器的数量受机房面积的限制要远远小于摄像机的数量。而且监视器数量太多也不利于值班人员全面巡视。为了实现全景监视,即让所有的摄像机信号都能显示在监视器屏幕上,就需要用多画面分割器。这种设备能够把多路视频信号合成为一路输出,输入一台监视器,这样就可在屏幕上同时显示多个画面。分割方式常有 4 画面、9 画面及 16 画面。使用多画面分割器可在一台监视器上同时观看多路摄像机信号,而且它还可以用一台录像机同时录制多路视频信号。有些较好的多画面分割器还具有单路回放功能,即能选择同时录下的多路信号视频信号的任意一路在监视器上满屏放。多画面分割器一般

图 3-19　多画面分割器的外观图

与盒带式长延时录像机配套使用,如果采用硬盘录像机,硬盘录像机本身具有多画面分割器的全部功能。如图 3-19 所示。

(5) 视配分配器

可将一路视频信号转变成多路信号,输送到多个显示与控制设备。如图 3-20 所示。

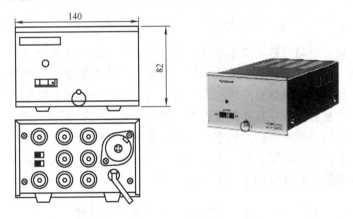

图 3-20　视频分配器的外观图

(6) 视频矩阵切换器

视频矩阵切换系统是目前电视监控系统控制中心中最广泛使用的一种视频切换设备。它最主要的优点就是切换与显示的灵活性,可以说是达到了随心所欲的程度。因为利用它可以将系统中的任何一路摄像机的图像切换至任何一台监视器上进行监看。除此而外,视频矩阵切换系统往往也是综合型、多功能的控制系统,它起到了整个电视监控系统控制主机的作用,而且功能强大、先进、操作快速方便。因此,通常又称其为视频矩阵切换/控制主机。在以后的叙述中我们仍称其为视频矩阵切换系统。如图 3-21 所示。

视频矩阵切换系统对多个视频信号切换输出再进行显示的原理与矩阵的结构很相似。如某一电视监控系统中有 64 路视频输入,要求有 16 路视频输出,并在 16 台监视器上进行显示。同时这 64 路视频输入中的任何一路摄像机图像都可以在 16 台监视器中任何一台指定的监视器上输出。就可以表示成 64×16 视频矩阵切换系统。由于电视监控系

图 3-21 矩阵切换器的外观图

的规模大小不一,所以视频矩阵切换系统通常可以表示成 M×N。如 8×2、16×6、32×4、48×8、64×6、80×24、96×32、128×8……1024×64 等众多不同的矩阵形式。

视频矩阵切换系统基本上都是采用的模块化结构。它的设计思想是为了能较好地满足任何一种电视监控系统的要求。因为这种结构形式可以方便地进行系统的配置,同时也使系统日后的扩展更为直接简便。

4.2 控制室的布局和基本要求

中心控制室设备布局的基本要求是应能使值班人员便于对系统中的所有摄像机的图像进行观察和记录,任何时候都不应丢失可用的信息。并能方便地对监控中心的所有设备进行各种有关的操作。除监视器是安装在面对值班人员的监视器架上以外,其他大部分设备都安放在主操作控制台上。在有些电视监控系统中,除在主控制室设置主操作控制台外,还在某些需要的场所(可称为副控制室)分别设置1至几个副操作控制台。副操作控制台一般与主操作控制台分室放置,分人操作管理。这种布局方式可认为是对主系统的一种扩展方式,即在主系统之外又增加了若干个分系统。

4.3 控制室内的主要设备及其功能

主控制室是由一定数量的监视器组成的电视墙(图 3-22)和主操作控制台(图 3-23)两大部分设备组成的。根据系统功能的要求,主操作控制台又是由若干个不同的设备组成的。

电视墙和控制台的布局摆放有相应的规定,参看表 3-7 及图 3-24。

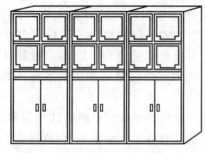
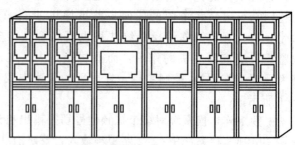

图 3-22 电视墙的外观图

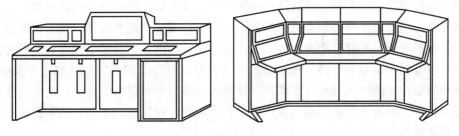

图 3-23 控制台的外观图

监视器与观看距离对应表　　　　　　　　　　　表 3-7

监视器规格（对角线）		屏幕标称尺寸		可供观看的最佳距离	
（cm）	（m）	宽(cm)	高(cm)	最小观看距离(m)	最大观看距离(m)
23	9	18.4	13.8	0.92	1.6
31	12	24.8	18.6	122	2.2
35	14	28.0	21.0	1.42	2.5

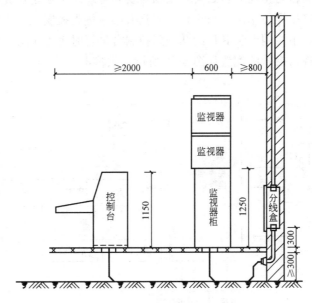

图 3-24 控制台与电视墙安装位置示意图

主操作控制台是监控中心的值班人员最主要的工作位置，因为值班人员正是通过主操作控制台上的设备来完成所有值班操作任务的。由前端设备经传输系统传输到监控中心的各种信号，如图像信号、监听信号和报警信号等全都被送到中心控制室的主操作控制台上，经过适当的处理，完成显示、监听、报警、录音和录像等工作，同时还可向副操作控制台或上一级监控中心传输信号。此外，对系统内所有设备的操作控制指令，如对前端摄像机镜头和云台进行遥控的指令，也都是从这里发出的。因此，主操作控制台的设备是电视监控系统中的关键核心的设备。另外，建立电视监控系统的目的就是要求对现场所发生的各种事态能迅速做出判断，及时下达指挥命令，采取必要的行动。由此看来，主控制室的设备主要应包括以下一些设备：监视器、录像机、视频分配放大器、视频切换器、控制前端设备的控制器、时间日期发生器、操作控制键盘、电源、通信等设备。功能完善一些的系统还装有同步信号发生器、视频多画面分割器、视频打印机、中英文字符发生器等。多媒体电视监控系统中还具有以多媒体计算机为主体的显示控制设备等。由于这些设备大多都是监控中心值班人员最常频繁操作的设备，因此，对这些设备的最基本要求就是要有高可靠性和可维护性。

当对一个电视监控系统中的设备需要分级、分地、分时地进行操作时，显然只设一个主控制室就不能满足要求了。这时，在距离主控制室一定距离处可分别设置几个副控制室或称分控制室来将系统扩展。副控制室的设备比较简单，大多只放置一台监视器和一个副操作控制键盘。利用此操作控制键盘可以完成主操作控制键盘的一切功能，即相当于遥控完成了主操作控制键盘的一切动作（也有的经编程后只能完成主操作控制键盘的部分功能），如对摄像机的图像进行监看、对摄像机的动作进行遥控等，因此，在副控制室的监视器上同样可以监视到系统中所有摄像机的图像。

主操作控制键盘与副操作控制键盘一般是采用总线连接方式，所以可以具有相同的功能。同时，各副控制台与主控制台之间，根据需要和可能还可设定优先控制权。例如，某一副控制室是供上级领导使用的，那么，它应具有第一优先控制权。当该副控制台执行对系统的操作控制时，主控制台和其他的几个副控制台将暂时失去了对系统的操作和控制能力。典型的闭路电视监控系统配置如图 3-25 所示，供参考。

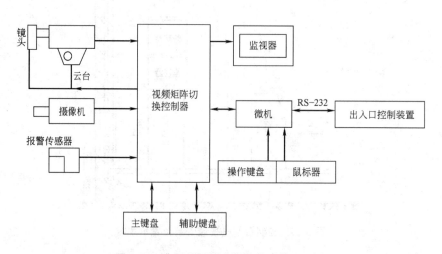

图 3-25 典型的闭路电视监控系统配置图

课题 5　闭路电视监控系统设计及施工

5.1　闭路电视监控系统工程设计

系统的工程设计应在满足使用功能和可靠运行的前提下，努力降低工程造价，并便于施工、维护及操作。系统的工程设计、施工，应符合国家现行有关标准、规范的规定。

系统的制式宜与通用的电视制式一致。闭路监视电视宜采用黑白电视系统，当需要观察色彩信息时，可采用彩色电视系统。系统宜由摄像、传输、显示及控制等四个主要部分组成，当需要记录监视目标的图像时，应设置录像装置，在监视目标的同时，当需要监听声音时可配置声音传输、监听和记录系统。

系统设施的工作环境温度应符合下列要求：

寒冷地区室外工作的设施：$-40 \sim +35℃$

其他地区室外工作的设施：$-10 \sim +55℃$

室内工作的设施：$-5 \sim +40℃$

系统的设备、部件、材料的选择应符合下列规定：应采用符合现行的国家和行业有关标准的定型产品；系统采用设备和部件的视频输入和输出阻抗以及电缆的特性阻抗均应为75Ω，系统选用的各种配套设备的性能及技术要求应协调一致。

5.1.1 摄像部分

应根据监视目标的照度选择不同灵敏度的摄像机。监视目标的最低环境照度应高于摄像机最低照度的10倍。镜头的焦距应根据视场大小和镜头与监视目标的距离确定，并按前面介绍过的公式计算。摄取固定监视目标时，可选用定焦距镜头；当视距较小而视角较大时，可选用广角镜头；当视距较大时，可选用望远镜头；当需要改变监视目标的观察视角或视角范围较大时，宜选用变焦距镜头。当监视目标照度有变化时，应采用光圈可调镜头。当需要遥控时，可选用具有光对焦、光圈开度、变焦距的遥控镜头装置。

摄像机可选用体积小、重量轻、便于现场安装与检修的电荷耦合器件（CCD）型摄像机。根据工作环境应选配相应的摄像机防护套，防护套可根据需要设置调温控制系统和遥控雨刷等。

固定摄像机在特定部位上的支承装置，可采用摄像机托架或云台。当一台摄像机需要监视多个不同方向的场景时，应配置自动调焦装置和遥控电动云台。摄像机需要隐蔽时，可设置在天花板或墙壁内，镜头可采用针孔或棱镜镜头。对防盗用的系统，可装设附加的外部传感器与系统组合，进行联动报警。

监视水下目标的系统设备，应采用高灵敏度摄像管和密闭耐压、防水防护套，以及渗水报警装置。

摄像机的设置位置、摄像方向及照明条件应符合下列规定：

摄像机宜安装在监视目标附近不易受外界损伤的地方，安装位置不应影响现场设备运行和人员正常活动。安装的高度，室内宜距地面2.5～5m；室外宜距地面3.5～10m，并不得低于3.5m。摄像机镜头应避免强光直射，保证摄像管靶面不受损伤。镜头视场内，不得有遮挡监视目标的物体。

摄像机镜头应从光源方向对准监视目标，并应避免逆光安装；当需要逆光安装时应降低监视区域的对比度。

5.1.2 传输部分

系统的图像信号传输方式，宜符合下列规定：传输距离较近，可采用同轴电缆传输视频基带信号的视频传输方式。当传输的黑白电视基带信号，在5MHz点的不平坦度大于3dB时，宜加电缆均衡器；当大于6dB时，应加电缆均衡放大器。当传输的彩色电视基带信号，在5.5MHz点的不平坦度大于3dB时，宜加电缆均衡器；当大于6dB时，应加电缆均衡放大器。

传输距离较远，监视点分布范围广，或需进入电缆电视网时，宜采用同轴电缆传输射频调制信号的射频传输方式。长距离传输或需避免强电磁场干扰的传输，宜采用传输光调制信号的光缆传输方式。当有防雷要求时，应采用无金属光缆。系统的控制信号可采用多芯线直接传输或将遥控信号进行数字编码用电（光）缆进行传输。

传输电、光缆的选择应满足下列要求：同轴电缆在满足衰减、屏蔽、弯曲、防潮性能的要求下，宜选用线径较细的同轴电缆；光缆的选择应满足衰减、带宽、温度特性、物理特性、防潮等要求。解码箱、光部件在室外使用时，应具有良好的密闭防水结构，并应采取防水、防潮、防腐蚀措施。

传输线路路由设计，应满足下列要求：路由应短捷、安全可靠、施工维护方便；应避开恶劣环境条件或易使管线损伤的地段；与其他管线等障碍物不宜交叉跨越。电缆与电力线平行或交叉敷设时，其间距不得小于0.3m；与通信线平行或交叉敷设时，其间距不得小于0.1m。同轴电缆宜采取穿管暗敷或线槽的敷设方式。当线路附近有强电磁场干扰时，电缆应在金属管内穿过，并埋入地下。当必须采取架空敷设时，应采取防干扰措施。线路敷设应符合现行国家标准《工业企业通信设计规范》的规定。

5.1.3 控制室部分

根据系统大小，宜设置监控点或监控室。监控室的设计应符合下列规定：监控室宜设置在环境噪声较小的场所；监控室的使用面积应根据设备容量确定，宜为12～50m^2；监控室的地面应光滑、平整、不起尘。门的宽度不应小于0.9m，高度不应小于2.1m；监控室内的温度宜为16～30℃，相对湿度宜为30%～75%。监控室内的电缆、控制线的敷设宜设置地槽；当属改建工程或监控室不宜设置地槽时，也可敷设在电缆架槽、电缆走道、墙上槽板内，或采用活动地板；根据机柜、控制台等设备的相应位置，设置电缆槽和进线孔，槽的高度和宽度应满足敷设电缆的容量和电缆弯曲半径的要求。

监控室内设备的排列，应便于维护与操作，并应满足安全、消防的规定要求。对几台摄像机的信号进行频繁切换并需录像的系统宜采用主从同步方式或外同步方式稳定信号。

用于保安的闭路监视电视系统应留有接口和安全报警联动装置，当需要时可选用图像探测装置报警。监控室距监视场所较近时，对各控制点宜采用直接控制方式；当距控制点较远或控制点较多时，可采用间接控制或脉冲编码的微机控制方式。

系统的运行控制和功能操作宜在控制台上进行，其操作部分应方便、灵活、可靠。控制台装机容量应根据工程需要留有扩展余地。放置显示、测试、记录等设备的机架尺寸，应符合现行国家标准《面板、架和柜的基本尺寸系列》的规定。控制台布局、尺寸和台面及座椅的高度应符合现行国家标准《电子设备控制台的布局、形式和基本尺寸》的规定。控制台正面与墙的净距不应小于1.2m；侧面与墙或其他设备的净距，在主要走道不应小于1.5m，次要走道不应小于0.8m。机架背面和侧面距离墙的净距不应小于0.8m。

5.1.4 供电、接地与安全防护

系统的供电电源应采用220V、50Hz的单相交流电源，并应配置专门的配电箱，当电压波动超出+5%～-10%范围时，应设稳压电源装置。稳压装置的标称功率不得小于系统使用功率的1.5倍。摄像机宜由监控室引专线经隔离变压器统一供电；远端摄像机可就近供电，但设备应设置电源开关、熔断器和稳压等保护装置。

系统的接地宜采用一点接地方式。接地母线应采用铜质线，接地线不得形成封闭回路，不得与强电的电网零线短接或混接。系统采用专用接地装置时，其接地电阻不得大于4Ω；采用综合接地网时，其接地电阻不得大于1Ω。

架空电缆吊线的两端和架空电缆线路中的金属管道应接地。进入监控室的架空电缆入室端和摄像机装于旷野、塔顶或高于附近建筑物的电缆端，应设置避雷保护装置。防雷接地装置宜与电气设备接地装置和埋地金属管道相连，当不相连时，两者间的距离不宜小于20m。不得直接在两建筑屋顶之间敷设电缆，应将电缆沿墙敷设置于防雷保护区以内，并且不得妨碍车辆的运行。系统的防雷接地与安全防护设计应符合现行国家标准《工业企业通信接地设计规范》、《建筑物防雷设计规范》的规定。

5.2 闭路电视监控系统工程施工

5.2.1 摄像机的安装

摄像机安装前应按下列要求进行检查：将摄像机逐个通电进行检测和粗调，在摄像机处于正常工作状态后，方可安装；检查云台的水平、垂直转动角度，并根据设计要求定准云台转动起点方向。检查摄像机防护罩的雨刷动作；检查摄像机在防护罩内的紧固情况；检查摄像机座与支架或云台的安装尺寸。在搬动、架设摄像机过程中，不得打开镜头盖。在高压带电设备附近架设摄像机时，应根据带电设备的要求，确定安全距离。摄像装置的安装应牢靠、稳固。

从摄像机引出的电缆留有1m的余量，不得影响摄像机的转动。摄像机的电缆和电源线均应固定，不得用插头承受电缆的自重。先对摄像机进行初步安装，经通电试看、细调、检查各项功能观察监视区域的覆盖范围和图像质量，符合要求后方可固定。

5.2.2 线路的敷设

电缆的弯曲半径应大于电缆直径的15倍；电源线宜与信号线、控制线分开敷设；室外设备连接电缆时，宜从设备的下部进线；电缆长度应逐盘核对，并根据设计图上各段线路的长度来选配电缆。宜避免电缆的接续，当电缆接续时应采用专用接插件。架设架空电缆时，宜将电缆吊线固定在电杆上，再用电缆挂钩把电缆卡挂在吊线上；挂钩的间距宜为0.5～0.6m。根据气候条件，每一杆档应留出余兜。墙壁电缆的敷设，沿室外墙面宜采用吊挂方式；室内墙面宜采用卡子方式。墙壁电缆沿墙角转弯时，应在墙角处设转角墙担。电缆卡子的间距在水平路径上宜为0.6m；在垂直路径上宜为1m。

直埋电缆的埋深不得小于0.8m，并应埋在冻土层以下；紧靠电缆处应用沙或细土覆盖，其厚度应大于0.1m，且上压一层砖石保护。通过交通要道时，应穿钢管保护，电缆应采用具有铠装的直埋电缆，不得用非直埋式电缆作直接埋地敷设。转弯地段的电缆，地面上应有电缆标志。敷设管道电缆，敷设管道线之前应先清刷管孔；管孔内预设一根镀锌铁线；穿放电缆时宜涂抹黄油或滑石粉；管口与电缆间应衬垫铅皮，铅皮应包在管口上；进入管孔的电缆应保持平直，并应采取防潮、防腐蚀、防鼠等处理措施。管道电缆或直埋电缆在引出地面时，均应采用钢管保护。钢管伸出地面不宜小于2.5m；埋入地下宜为0.3～0.5m。

5.2.3 监控室部分

监控室内机架安装应符合下列规定：机架安装位置应符合设计要求，当有困难时可根据电缆地槽和接线盒位置作适当调整；机架的底座应与地面固定；机架安装应竖直平稳，垂直偏差不得超过 1‰；几个机架并排在一起，面板应在同一平面上并与基准线平行，前后偏差不得大于 3m，两个机架中间缝隙不得大于 3m。对于相互有一定间隔而排成一列的设备，其面板前后偏差不得大于 5mm；机架内的设备、部件的安装，应在机架定位完毕并加固后进行，安装在机架内的设备应牢固、端正；机架上的固定螺丝、垫片和弹簧垫圈均应按要求紧固不得遗漏。控制台应安放竖直，台面水平；附件完整、无损伤、螺丝紧固，台面整洁无划痕；台内接插件和设备接触应可靠，安装应牢固，内部接线应符合设计要求，无扭曲脱落现象。

监视器的安装应符合下列要求：监视器可装设在固定的机架和柜上，也可装设在控制台操作柜上，当装在柜内时，应采取通风散热措施；监视器的安装位置应使屏幕不受外来光直射，当有不可避免的光时，应加遮光罩遮挡；监视器的外部可调节部分，应暴露在便于操作的位置，可加保护盖。

5.2.4 供电与接地

摄像机宜采用集中供电；当供电线与控制线合用多芯线时，多芯线与电缆可一起敷设。所有接地极的接地电阻应进行测量；经测量达不到设计要求时，应在接地极回填土中加入无腐蚀性长效降阻剂；当仍达不到要求时，应经过设计单位的同意，采取更换接地装置的措施。监控室内接地母线的路由、规格应符合设计要求。施工时应符合下列规定：接地母线的表面应完整，无明显损伤和残余焊剂渣，铜带母线光滑无毛刺，绝缘线的绝缘层不得有老化龟裂现象；接地母线应铺放在地槽或电缆走道中央，并固定在架槽的外侧，母线应平整，不得有歪斜、弯曲。母线与机架或机顶的连接应牢固端正；电缆走道上的铜带母线可采用螺丝固定；电缆走道上的铜绞线母线，应绑扎在横档上。系统的工程防雷接地安装，应严格按设计要求施工。接地安装应配合土建施工同时进行。

5.3 对闭路电视监控系统工程图纸的认识

5.3.1 摄像机布置方法

下面，我们以超市、宾馆、大厅、公共前室等常见的监视位置的摄像机布置图为例，了解常见的几种摄像机布局。如图 3-26 所示。

5.3.2 对工程图纸中图例的认识

下面列出了闭路电视监控系统工程图纸中常用的一些图例，见图 3-27，仅供参考。详情请见相关规范。

5.4 工程实例练习

[例] 银行的闭路电视监控系统设计

设计要求：能够实现对柜台来客情况、门口人员出入情况、现金出纳台和金库进行监视和记录。除中心控制室进行监视和记录外，在经理室也可选择所需要的监视图像。

为此，基本设计考虑如下：

（1）采用 4 台摄像机分别监视上述 4 个被摄现场，整个系统采用交叉控制和并连四点

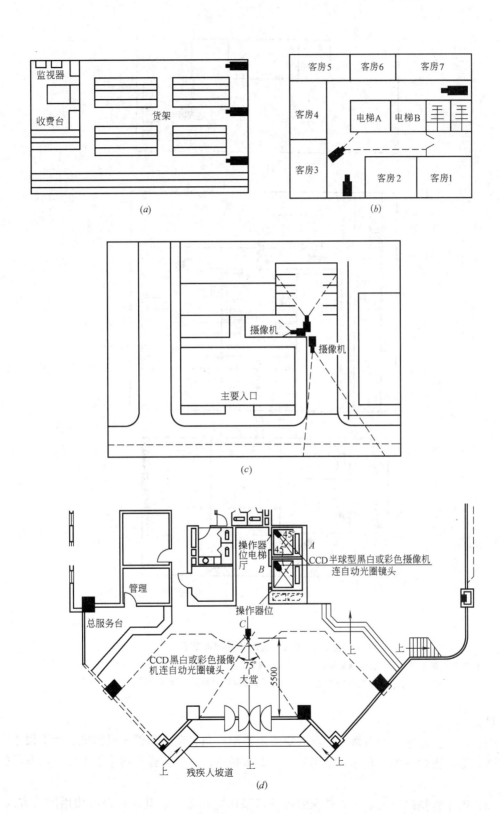

图 3-26 几种常见位置的摄像机布置图（一）

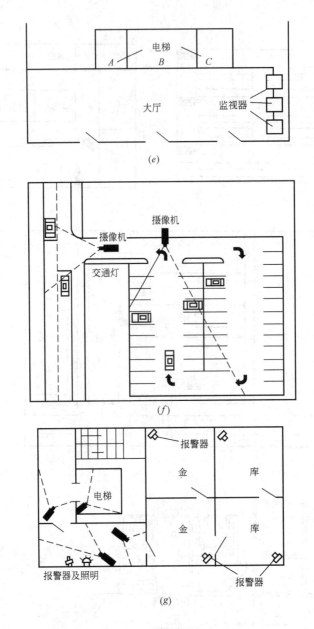

图 3-26 几种常见位置的摄像机布置图（二）
(a) 超市摄像机布置；(b) 宾馆摄像机的布置；(c) 楼梯口摄像机的布置；(d) 大堂出入口摄像机的布置；
(e) 公共电梯大厅监视器布置；(f) 停车场摄像机的布置；(g) 金库摄像机的布置

单路组成方式。

（2）用于监视金库的摄像机，可以安装定焦距广角自动光圈镜头摄像机。为了便于隐蔽安装，防止盗贼发现，金库可采用针孔镜头摄像机。其他摄像机均采用 1 英寸的彩色摄像机。

（3）用于监视门口人员出入情况的摄像机采用电动云台，其他摄像机均用固定方式。摄像机罩均用室内防护型。

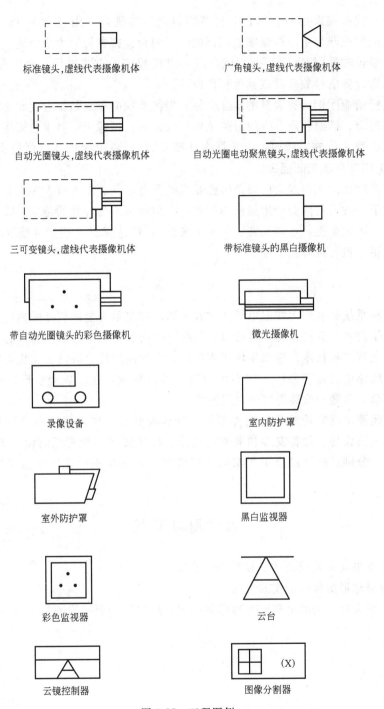

图 3-27 工程图例

（4）4 台摄像机输出的视频信号先进入四切二的继电器控制式切换器。控制电压由中心控制室和经理室的控制器分路输出，用以各自选择所需监视的图像。

（5）从摄像机到中心控制室之间的传输部分，设置一台视频时间信号发生器，使摄像机输出的图像信号叠加上时间信号，供录像机记录之用。

(6) 中心控制宜采用一台彩色收监两用机进行监视,采用一台 VHS 录像机进行记录。经理室的监视器与中心控制室监视器相同。两台监视器屏幕大小自定。

(7) 信号传输采用 SYV-75-5 同轴电缆,以视频传输方式进行。由于传输距离很近,故传输中不需设置信号放大器或其他补偿设备。

(8) 银行营业厅柜台有大量的现金交易,摄像监视的重点是柜台前顾客的脸部、行员本身、桌面现金、钞票色泽。一般每两位柜员设置一台摄像机,要求色彩还原好,脸部在监视器上至少呈 2cm 左右画面,可选择半球型 CCD 彩色摄像机(也可用普通 CCD 彩色摄像机)、定焦带自动光圈镜头。

(9) 营业厅的出入口或大门口是摄像监视的重点之一。出入口大多直对室外,在室外阳光的照射下,进入室内会产生强烈的逆光,必须考虑室内灯光的补偿,或选择三可变自动光圈镜头(可调焦距、可调光圈、可调整聚焦),或选择具有逆光补偿等经过特效处理的设备,使摄像机所摄画面清晰。

小　　结

电视监控系统是利用无线电电子学的方法即时的显示并能即刻远距离传送活动景物图像的一门科学技术,其最大特点是可以把远距离的现场景物即时的"有声有色"地展现在我们面前。电视监控技术的应用领域非常广泛,在我们的社会政治、文化生活方面起着重要的作用。闭路电视监控系统一般多用于安全防范领域,在工农业生产、科学研究、教育、国防军事、金融、交通等领域也广为使用。

本章就闭路电视监控系统的相关知识、基本构成和工作过程、构成与原理、主要设备、导线和配线设备、设备安装和电缆的敷设、设备安装工程图纸的读、识、工程设计过程等内容,分别讲解并结合工程实际予以考虑,以满足现代化保安监控系统信息化的需要。

思考题与习题

3-1　闭路电视前端设备的安装原则由哪些?
3-2　说明球形摄像机的安装方法?
3-3　说明大厅、公共电梯前室摄像机的布置应该符合哪些原则?

单元 4 广播音响系统

课题 1 概 述

1.1 声学发展

声音是世界上很重要的物理现象,它和人们的日常学习、工作、生活有着极其密切的关系。当一个声音通过空间传入人耳时,人们常常仅凭听觉感受到声音,但这个"声音"并不是原本客观存在的声音,而是发生了某些改变,这种现象就是听觉效应。例如哈斯效应、多普勒效应、鸡尾酒会效应、回音壁效应等等。研究声音的学科叫做声学。按研究对象不同可分为语言声学、音乐声学、建筑声学和电声学、噪声学。

专门从事厅堂建筑设计与声学关系的领域称为建筑声学。比如对剧场、歌舞厅、会议厅、体育馆等的声学设计与研究都属于建筑声学领域的范畴。通过电子电路把声音进行各种特性的加工处理,例如:修饰、美化、扩大、传播的系统称为电子声学。音响系统的各个单元大部分都属于电子声学领域中的组成部分。

广播音响系统,或称为电声系统,是包括建声、电声的声学系统工程,是现代化设施不可缺少的一部分,其涉及面很宽,应用广泛,如工厂、学校、医院、办公楼、广场、会场、电影院、体育馆、歌舞厅等,无不与之有着密切关系。不同环境配以和谐动听的音乐,就会使人感到声与景,情与景浑然天成,优美和谐的声音能烘托意境,渲染气氛,声学美使环境艺术感染力更强烈,更完美,声学美已成为现代生活不可缺少的环境艺术。

1.2 广播音响系统的分类

(1) 广播音响系统广义上包含扩声系统和放声系统两大类:

1) 扩声系统:扬声器与话筒处于同一声场内,存在声反馈和房间共振引起的啸叫、失真和振荡现象。

2) 放声系统:系统中只有磁带机、光盘机等声源,没有话筒,不存在声反馈可能,声反馈系数为 0,是广播系统的一个特例。

(2) 按用途分类:

1) 室外广播系统

室外广播系统主要用于体育场、车站、公园、艺术广场、音乐喷泉等。它的特点是服务区域面积大,空间宽广,背景噪声大;声音传播以直达声为主;要求的声压级高。

2) 室内广播系统

室内广播系统是应用最广泛的系统,包括各类影剧院、体育场、歌舞厅等。它的专业性很强,既能提供语言扩声,又能供各文艺演出使用,对音质的要求很高,系统设计不仅要考虑电声技术问题,还要涉及建筑声学问题。房间的体形等因素对音质有较大影响。

3）公共广播系统

公共广播系统为宾馆、商厦、港口、机场、地铁、学校提供背景音乐和广播节目。近几年来,公共广播系统还兼做紧急广播,可与消防报警系统联动。公共广播系统的控制功能较多。如选区广播与全呼广播功能,强制切换功能和优先广播权功能等。扬声器负载多而分散,传输线路长,声压要求不同,音质以中音和中高音为主。

4）会议系统

随着国内、国际交流的增多,近年来,电话会议、电视会议和数字化会议系统(DCN)发展很快。会议系统广泛用于会议中心、集团和政府机关。会议系统包括会议讨论系统、表决系统、同声传译系统和电视会议系统。要求音、视频（图像）系统同步,全部采用电脑控制和储存会议资料。

（3）在民用建筑工程中,广播音响系统可分为如下几类：

1）面向公众区（如广场、车站、码头、商场、教室）和停车场等的公共广播（PA）系统。

这种系统主要用于语言广播,因此清晰度是首要问题。而且,这种系统往往平时进行背景音乐广播,在出现灾害或紧急情况时,又可切换成紧急广播。

2）面向宾馆客房的广播音响系统

这种系统包括客房音响广播和紧急广播,通常由设在客房中的床头柜放送。客房广播含有收音机的调幅（AM）和调频（FM）广播波段和宾馆自播的背景音乐等多个可供自由选择的波段,每个广播均由床头柜扬声器播放。在紧急情况时,客房广播即自动中断,只有紧急广播的内容强制传到床头柜扬声器,这时无论选择器在任何位置或关断位置,所有客人均能听到紧急广播。

3）以礼堂、剧院、体育馆为代表的厅堂扩声系统

这是专业性较强的厅堂扩声系统,它不仅考虑电声技术问题,还要涉及建筑声学问题,两者须统筹兼顾,不可偏废。这类厅堂往往有综合性多用途的要求,不仅可供会场语言扩声使用,还常作文艺演出等。

4）面向歌舞厅、宴会厅、卡拉OK厅等的音响系统

这类场所与前一类相似,亦属厅堂扩声系统,且多为综合性的多用途群众娱乐场所。因其人流多,杂声或噪声较大,故要求音响设备有足够的功率,较高档次的还要求有很好的重放效果,故也应配置专业音响器材,在设计时注意供电线路应与各种灯具的调光器分开。并且因为使用歌手和乐队,故要配置适当的返听设备,以让歌手和乐手能听到自己的音响,找准感觉。对于歌舞厅和卡拉OK厅,还要配置相应的视频图像系统。

5）面向会议室、报告厅等的广播音响系统

这类系统一般也设置由公共广播提供的背景音乐和紧急广播两用的系统,但因有其特殊性,故也常在会议室和报告厅（或会场）单独设置会议广播系统。对要求较高功能的国际会议厅,还需另行设计诸如同声传译系统、会议讨论表决系统以及大屏幕投影电视等的专用视听系统。

课题 2 广播音响系统的基本构成及工作原理

2.1.1 广播音响系统的基本构成

不管哪一种广播音响系统，都可以表示为如图 4-1（a）和图 4-1（b）所示的基本组成方框图，它基本可分四个部分：节目源设备、信号的放大和处理设备、传输线路和扬声器系统。

（1）节目源设备

节目源通常有无线电广播（调频、调幅）、普通唱片、激光唱片（CD）、盒式磁带等，相应的节目源设备有 FM/AM 调谐器、电唱机、激光唱机和录音卡座等。此外，还有传声器（话筒）、电视伴音（包括影碟机、录像机和卫星电视的伴音）、电子乐器等。

（2）放大和信号处理设备

包括调音台、前置放大器、功率放大器和各种控制器及音响加工设备等。这一部分设备的首要任务是信号的放大——电压放大和功率放大，其次是信号的选择，即通过选择开关选择所需要的节目源信号。调音台和前置放大器作用或地位相似（当然调音台的功能和性能指标更高），它们的基本功能是完成信号的选择和前置放大，此外还担负对重放声音的音色、音量和音响效果进行各种调整和控制的任务。有时为了更好地进行频

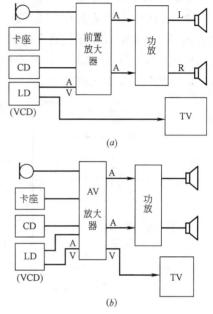

图 4-1 以前置放大器（AV 放大器）为中心的广播音响系统

率均衡和音色美化，还另外单独接入图示均衡器。总之，这部分是整个广播音响系统的"控制中心"。功率放大器则将前置放大器或调音台送来的信号进行功率放大，通过传输线去推动扬声器放声。

（3）传输线路

传输线路虽然简单，但随着系统和传输方式的不同而有不同的要求。对礼堂、剧厅、歌舞厅、卡拉 OK 厅等，由于功率放大器与扬声器的距离不远，故一般采用低阻大电流的直接馈送方式，传输线即所谓喇叭线要求用截面积粗的多股线，由于这类系统对重放音质要求很高，故常用专用的喇叭线，乃至所谓"发烧线"。而对公共广播系统，由于服务区域广、距离长，为了减少传输线路引起的损耗，往往采用高压传输方式，由于传输电流小，故对传输线要求不高也不必很粗。在客房广播系统中，有一种与宾馆 CATV（共用天线电视系统）共用的所谓载波传输系统，这时的传输线就使用 CATV 的视频电缆，而不能用一般的音频传输线了。

（4）扬声器系统

扬声器系统要求整个系统的匹配，同时其位置的选择也要切合实际。礼堂、剧场、歌舞厅音色要求较高，扬声器一般用大功率音箱。而公共广播系统，由于它对音色要求不

高，一般用 3～6W 吸顶扬声器。

2.1.2 广播音响系统工作原理

具体地说，从音响设备构成方式来看，基本上为如下两种类型的广播音响系统：

(1) 以前置放大器（或 AV 放大器）为中心的广播音响系统

图 4-1（a）是以前置放大器为中心的基本系统图，大多数公共广播（PA）系统属于这种系统，家庭放音系统和一些小型歌舞厅和俱乐部也使用这种系统。图 4-1（b）是以 AV 放大器为中心的基本系统图，KTV 包房、家庭影院系统等即使用这种系统。应该指出，图（a）与图（b）在接线上的区别在于前者音频信号线（A）与视频信号线（V）（若使用电视）是分开走线的，后者音频信号线（A）与视频信号线（V）则均汇接入放大器，同时都从 AV 放大器输出。

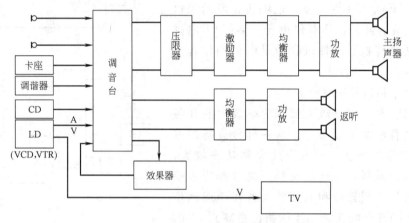

图 4-2 以调音台为中心的广播音响系统

(2) 以调音台为中心的专业音响系统

图 4-2 是其典型的系统图，图中的均衡器、压限器和激励器三者的位置前后可互调换，且压限器和激励器视使用场合可有可无，均衡器一般要用作房间声学特性校正使用。如果系统同时具有影像设备（如歌舞厅、卡拉 OK 厅），则如图 4-2 下部所示。可见它与图 4-1（a）类似，音频信号线 A 与视频信号线 V 是分开走的。

课题 3　常用音响设备

3.1 节目源设备

3.1.1 传声器与无线话筒

(1) 传声器的作用和种类

传声器俗称话筒，亦称麦克风。它是一种将声音信号转换为相应的电信号的电声换能器件。传声器的分类方法很多，主要有以下几种。

1) 按换能原理分类，有电动式传声器（有动圈式传声器、铝带式传声器等）；电容式传声器（其中包括驻极体式传声器）；电磁式传声器；半导体式传声器；压电式传声器（晶体传声器、陶瓷传声器、压电高聚物式传声器）。

目前用得最多的是动圈式传声器和电容式传声器。动圈式传声器的特点是：结构简单，坚固耐用，工作稳定好，价格较低，频率响应特性较好等。电容式传声器则具有频率响应好，失真小，噪声低，灵敏度高，音色柔和等特点，但电容式传声器价格较贵，而且必须为它提供直流极化电源（如24V），给使用者带来不便。于是人们研制出了驻极体式电容传声器，它不需要外加直流极化电源，而且结构简单，体积小，价格低廉。近来，驻极体式传声器和压电高聚合物式传声器发展很快，且不断有新产品出现。

2）按指向性分类

就其拾取音源方向的覆盖空间可以分成圆形的、心形的、超心形的和强指向形，如图4-3所示。其中（a）是专门为乐队拾音使用的；（b）是用于语音、歌声等音源拾音的；（e）是强指向形的，是专门为了拾取一定方位的音源声音而要将左右两侧和后面的声音排斥在话筒拾取空间之外，而专门利用声波的相互干涉现象原理，使用声波干涉管制作的一只细长的管状话筒，人们称为枪式话筒，在艺术舞台和新闻采访中采用。

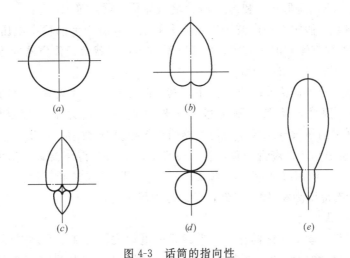

图 4-3 话筒的指向性

（a）圆形：无指向型；（b）指向型：心形；（c）指向性：超心形；
（d）指向性：8字形双向；（e）强指向形

3）按不同使用功能来划分

有接触式话筒：是直接贴在乐器共振体上的话筒。如奥地利 AKG 公司生产的 D401 接触式话筒，低频段靠固体传导振动，高频则靠空气传导，它常用在某些弦乐及各种弱功率乐器上，如吉他、提琴及某些民族乐器。

颈挂式话筒：用丝带挂在脖子上的一种小型话筒，多为动圈式话筒，常用于活动声源中的语言使用，专业文艺团体一般不用，多选用于教学、展览会、解说等。

卡夹式话筒：是一种超近距离的话筒。主要用于提琴。

此外，还有立全声话筒、混响话筒、变调话筒、测量话筒等。

各种类型的传声器尽管在结构上有所不同，但它们总少不了一个振动系统，该系统是声波作用而引起振动，产生出相应的电压变化、电容变化或电阻变化。如动圈式传声器就属于电压变化一类（即音圈输出电压变化），而电容式传声器则属于电容变化一类，但它最终还是利用电容变化使最后的输出仍为电压变化。

（2）传声器的性能指标

1）灵敏度　灵敏度表示传声器的声—电转换效率。它规定为在自由声场中传声器在频率为1000Hz的恒定声压下所测得的开路输出电压。习惯上取在1μbar（微巴）的声压下测得的输出电压作为传声器灵敏度。1μbar（微巴）大致相当于人们按正常音量说话，并在1m远处测得的声压（1μbar=0.1Pa）。传声器灵敏度的单位为mV/Pa或mV/μbar。

2）频率响应　频率响应是传声器输出与频率的关系，它是指传声器在一恒定声压下，不同频率时所测得的输出电压变化值。

3）指向性　传声器的指向性是指在某一指定频率下，传声器在某个方向（θ角）的灵敏度与最大灵敏度（θ）的比值。它常用极坐标形式的指向性图表示，有时也用指向频率响应曲线或指向性图表示。

4）输出阻抗　输出阻抗即为传声器的交流内阻，通常在频率为1000Hz、声压约为1Pa时测得。一般1k以下为低阻抗，大于1k为高阻抗。常用的传声器输出阻抗大致有200Ω（低阻抗）、20k（高阻抗）和约1.5k（驻极体传声器）等。

5）等效噪声级　假定有一声波作用在传声器上，它所产生的输出电压的有效值和该传声器的输出端的固有噪声电压相等，则该声波的声压级就等于传声器的等效噪声级。通常在计权网络下测量，以dB表示。

6）动态范围　传声器拾取的声音大小，其上限受到非线性失真的限制，而下限受其固有噪声的限制。因此，动态范围是指传声器在谐波失真为某一规定值（一般规定<0.5%）时所承受的最大声压级，与传声器的等效噪声级之差值（dB）。

动态范围小会引起传输声音失真，音质变坏，因此要求传声器有足够大的动态范围。高保真传声器的最大声压级在谐波失真<0.5%时，要求>120dB。因此，若等效噪声级为22dB，则其动态范围为98dB。当然，动态范围越大越好。

（3）传声器产品举例

1）动圈式话筒　动圈式话筒亦称为电磁式或电动式。其基本原理是线圈在磁场中运动产生电流。声电转换过程是，当声波传到话筒的膜片上，膜片受声压而产生运动，与膜片相连的线圈在磁场中作切割磁力线的运动而感应出电流。结构如图4-4所示。

2）电容式话筒

基本结构：由一个膜片和在其后面的固定极板构成一个电容器。为了使电容器工作，需外加一个极化电压。

工作原理：当膜片受到声波作用产生运动，引起了电容器的容量发生变化，并使与之串联的电阻器电流发生变化，在负载R上产生一个交流输出电压VOUT，使声能转换为电能。

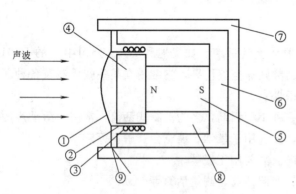

图4-4　动圈式话筒剖面结构
①—振膜；②—音圈骨架；③—音圈；④—磁靴；
⑤—恒磁；⑥—软铁；⑦—外壳；⑧—声阻
尼室；⑨—音圈引线端子

3）驻极体话筒　驻极体材料（聚四氯已丙烯）经过电晕处理和高压电子轰击后，具有一种特性：在受到外力的作用下，会产生微小的电荷。利用这种材料作话筒的振膜。当振膜承受声波的声压变化时，就会产生一个按声波规律变化的微小电流，经过电路放大后就产生了音频信号电压。它的电路结构图如图 4-5 所示。

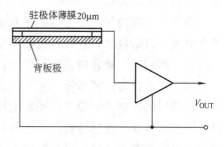

4）无线传声器　又称无线话筒，它是利用无线电波在近距离内传递声音信号的传声器。它由无线话筒部分和接收机两部分组成。用话筒将声波转成音频信号，以调频的方式调制成一个超高频信号，并通过天线向空间发射出去。接收时，采用一

图 4-5　驻极体电路结构图

个调频接收机，用天线接收载波信号并经过高放、解调、中放、比例鉴频、前置级、放大级，最后输出一个音频信号。

无线话筒部分相当于一台小型超高频（特高频）发射机，将声音信号以无线电载波形式发射出去。接收机将信号接收下来然后进行解调，还原成声音信号，最后送入调音台进行录音或扩音。无线话筒发射机、接收机电路组成图如图 4-6 所示。

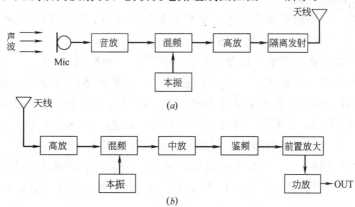

图 4-6　无线话筒发射机、接收机电路方框图
（a）无线话筒发射机电路方框图；（b）无线话筒接收机电路方框图

3.1.2　AM/FM 调谐器

（1）调谐器组成

我们知道，广播收音机有调幅（AM）收音机和调频（FM）收音机之分。广播收音机是由高频放大器、本地振荡器、混频器、中频放大器、检波器、功率放大器和扬声器等组成。其中检波器，对调幅收音机是使用幅度检波器，对调频接收机则使用频率检波器（又称鉴频器）。如果是调频立体声接收机，则在频率检波器之后还要插入立体声解码器。所谓调谐器，简单地说就是去掉了功率放大器和扬声器的广播接收机，不过在性能指标上则比一般广播接收机要高。

如同广播接收机有调幅机和调频机之分一样，调谐器也分为调幅调谐器和调频调谐器，它们分别用来接收调幅和调频广播信号。应该指出，调幅广播并不是高保真节目源，因为其信号的频响小于 5000Hz，音质较差。但是调幅广播的电台数量多，播音时间长，因此仍然将它保留在高保真系统中。调频广播的音质高，属于高保真节目源，且可播送立体声节目，但它不及调幅广播普及，电台数量亦较少。因此，现在调谐器往往设计成调

幅、调频两用，即调幅/调频（AM/FM）调谐器。

目前调谐器使用的新技术越来越多，其中最主要的是采用石英晶体频率合成和微机相结合的数字调谐技术，这种具有数字调谐系统（DTS）的调谐器，简称数字调谐器，它已为宾馆、酒店等广播音响系统所广泛使用。

(2) 调谐器的性能指标

调谐器的性能参数很多，基本上可分为两大类：一类是有关调谐器选择所需电台的能力，例如灵敏度、选择性和俘获比等；另一类是关于输出信号的保真度，主要特性有频率响应、谐波失真和信噪比以及立体声的分离度等。

1) 灵敏度 在允许混入最大限度噪声和失真的前提下，调谐器对于无线电广播电波微弱信号的接收能力叫做调谐器的灵敏度。灵敏度高的调谐器能收到场强很弱的信号，所以相对接收电台数较多。

2) 选择性 它是调谐器从到达的无线电波中选出需要电台信号的能力，亦即表示抗"串台"干扰的性能。选择性是由所选频率信号的强度与收到相邻一定间隔的其他信号强度之比的分贝数来度量的。

3) 谐波失真 它是指在规定的输入信号和调制频率下，调谐器输出的谐波畸变分量与原来信号总量的百分比。其值越小越好。

4) 信噪比 是指调谐器输出信号与输出噪声之比，单位用 dB 表示，其值越大越好。

5) 立体声分离度 表示接收立体声广播时左、右两声道信号分开的程度，用 dB 表示，其值越大越好。从人耳的听觉特性来说，左、右声道分离度为 15~20dB 即可有明显的立体感，现在调谐器由于采用了锁相（PLL）技术，立体声分离度约在 40dB 以上。

6) 俘获比 是指调谐器抑制两个同频率射频信号中较弱一个的能力，允许只接收两个同频率信号中较强的一个。在调频接收时，可以用高俘获比调谐器来减少城市高层建筑之间发生的多路径干涉引起的畸变。对于高保真调频调谐器的俘获比最低要求小于 3dB。

3.1.3 磁带录音机

(1) 磁带录音机组成

磁带录音机是利用磁带进行录音和放音的电声设备。它的基本组成，主要由磁头、走带机构（机芯）、录音放音放大器、偏磁振荡器以及扬声器等组成。它是一种常用的节目源设备。

(2) 磁带录音机的性能指标

评价一台录音机的性能质量，一般可用它的机械和电声性能指标来衡量。磁带录音的性能指标很多，有 20 多项，但主要有 5 项，称为五大指标，即带速误差、抖晃率、频率响应、信噪比和失真度。前两项属于机芯部的机械性能指标，由机芯的优劣决定；后三项属于电路部分的电声性能指标，主要由电路决定，但也与换能器件（如磁头、话筒、扬声器）等有关。

3.1.4 激光唱机

激光唱机，又称 CD 唱机。CD 是 Compact Disc 的英文缩写，原指激光唱片，不过现在人们往往也将 CD 泛指激光唱机。也就是说，CD 通常是指使用激光方法拾取声音信号的小型数字唱片系统（图 4-7）。

(1) 激光唱机的组成

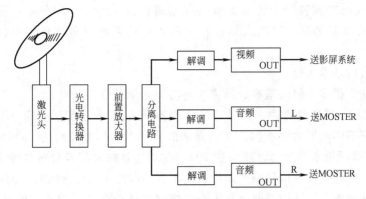

图 4-7 激光唱机信号处理系统

作为 CD 系统，是由 CD 唱片（激光唱片）和 CD 唱机（激光唱机）两部分组成。CD 唱片是将模拟声音信号经过一系列数字处理变成数字信号，然后用激光束刻录在直径为 12cm 的塑料唱片上。CD 唱机包括激光拾音器（激光头）、唱盘机构、伺服系统、信号放大和处理电路、信息存储器及单片微机控制系统等。它用激光头拾取 CD 唱片上的数字信号，经过解码、纠错、数/模（D/A）转换等处理，还原成模拟声音信号。由于 CD 系统采用了激光技术、数字信号处理技术、高密度记录技术、精密伺服技术和超大规模集成电路技术等，因此 CD 唱片唱机是集光、声、机、电子于一体的高科技数字音响产品。

（2）激光唱机的性能指标

激光唱机的特性主要体现在两个方面：一是电声指标高；二是操作方便。

3.2 信号放大和处理设备

3.2.1 调音台

调音台又称调音控制台，是歌舞厅等的专业音响系统的控制中心设备，它是一种多路输入、多路输出的调音控制设备。它将多路输入信号进行放大、混合、分配、音质修饰和音响效果加工，是现代电台广播、舞台舞厅扩声、音响节目制作等系统进行播放和录制节目的重要设备。

（1）调音台分类

按照不同的分类方法，调音台可分为：

1）**按输入路数分** 4 路、6 路、8 路、12 路、16 路、24 路、32 路、40 路、48 路、56 路等。

2）**按主输出路数分** 单声道、双声道（立体声）、三声道、四声道、多声道等。

3）**按用途分** 扩声调音台、录音调音台、播音调音台、迪斯科专用调音台（又称 DJ 混音台）。在会堂、歌舞厅中常用扩声调音台。

4）**按信号处理方式分** 模拟式调音台和数字式调音台。数字式调音台含有模数转换（A/D）、数模转换（D/A）和数字信号处理（DSP）等功能单元，目前应用还不多，现在广泛使用的是模拟式调音台。

还有其他分类方法。例如，按使用场所不同分，有流动（便携）式调音台和固定式调音台。在流动式调音台中还常见带功放的调音台（Powered Mixer，简称功放调音台）即调音台内部都含有功率放大器，并常常含有效果器和多频段均衡器，便于流动使用。

（2）调音台的基本功能

调音台的功能很多，但最基本、最主要的功能与作用是：

1）信号放大　调音台的输入信号源有传声器（话筒）、录音机、CD唱机、调谐器、电子乐器等，它们的电平大小不同。从话筒来的是很微弱信号，约为200mV，小的只有几mV，而从CD唱机来的信号可能高达1000mV，这就需要调音台对各种大小不同的信号进行不同程度的放大，使信号幅度最终相差不多，以便在调音台内对它们进行处理。同时，调音台为适应输入信号的不同电平大小，通常在调音台输入端有高电平（线路输入）和低电平（传声器输入）两个插口，前者主要接收录音机、CD唱机、调谐器的输出信号，也可接收来自混响器等效果装置返回的较强信号，后者接收话筒来的微弱信号，并进行足够的放大。

2）信号处理　最基本的信号处理是频率均衡。调音台的各输入通道均设有频率均衡器（EQ），调音师按照节目内容的要求，对声音的不同频率进行提升或衰减，以美化声源的音色。有的调音台在输入通道中还设有滤波器（例如低切滤波器），用来消除节目信号中的某些噪声。

3）信号混合　调音台的输入信号往往有很多路（包括效果器返送来的信号），而最后通过调音台输出的信号常可能只有一路或两路，这就需要将多路信号混合成一路或两路信号。当然，这些混合还要根据需要，按一定比例进行。

4）信号分配　调音台不仅有多路输入，而且有多路输出，除了主输出外，还有辅助输出、编组输出等，这就需要将进入调音台的各种信号按要求对各路输出进行分配。例如，需要对某一路的人声施加混响效果，则除了该路人声送往主输出外，还需要从该路取出（分配）一部分信号，馈入接有混响器的辅助输出通道，混响器对人声进行处理，再返送到调音台，并混合重调音台的主输出上，即可听到混响效果了。

除了上述四大功能之外，调音台还有显示、监听、编组、遥控、对讲等功能。

（3）调音台的性能指标

1）增益　调音台的增益应根据各种传声器灵敏度的不同而可以调整，它必须能满足灵敏度最低的传声器的放大要求。

2）噪声　衡量调音台噪声大小的方法，对传声器输入通路是用等效输入噪声电平来表示的，即将输出端总的输出噪声电平折算到输入端来衡量。这是由于调音台的传声器放大器在不同的增益位置时，噪声电平随增益的不同而变化，测量到的信噪比也就不同。但调音台输入端的等效噪声电平是固定不变的，因此用等效输入噪声电平能比较确切地反映调音台噪声电平的大小。

3）频率特性　调音台的频率特性的不均匀度，一般在全部工作频段范围内约为±1dB左右。如果有的调音台传声器输入通路和线路输入通路稍有差别，那么在该机的技术说明书中应给予注明。

4）非线性谐波失真　调音台的非线性谐波失真通常是指额定输出电平时，在整个工作频段内的全部谐波失真值。有的调音台在不同的频段非线性谐波失真数值稍有差别，在技术说明书中对测试频率应作出相应的规定。专业用调音台非线性谐波失真一般需要小于 0.1%。

5）动态余量（电平储备量）　调音台的动态余量是指最大的不失真输出电平和额定输出电平之差，以 dB 表示，动态余量愈大，节目的峰值储备量也就愈大，声音的自然度也就愈好。通常调音台的动态余量至少应有 15~20dB，较高档的调音台可在 20dB 以上。

6）串音　调音台的串音是指相邻通道间的隔离度，串音越小（串音衰减越大），通道之间的隔离度越好。隔离度还与信号的频率有关，高频段的串音较中、低频严重。

（4）调音台外形

常见的几种调音台的外形如图 4-8 所示。

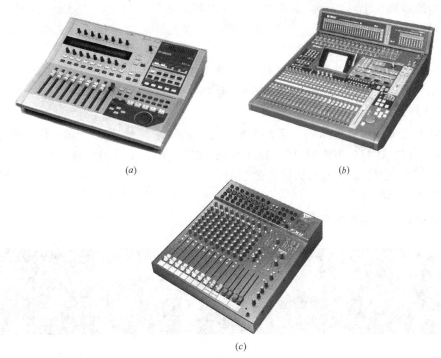

图 4-8　几种调音台的外形

(a) 小型调音台；(b) 中型调音台；(c) 比较大型的调音台

3.2.2　前置放大器

（1）前置放大器作用

又称前级放大器。它的作用是将各种节目源（如调谐器、电唱盘、激光唱机、录音卡座或话筒）送来的信号进行电压放大和各种处理，它包括均衡和节目源选择电路、音调控制、响度控制、音量控制、平衡控制、滤波器以及放大电路等，其输出信号送往后续功率放大器进行功率放大。

对于前置放大器，其功能具体地说主要有：

1）对各种节目源信号进行切换选择和处理；

2）将微弱的输入信号放大到 0.5~1V，以推动后续的功率放大器；

3）进行各种音质控制，以美化音色。

因此它的控制旋钮多、性能高，对改善整个音响系统的性能，提高音质、音色，以高保真的指标对音频信号进行切换、放大、处理并传递到功放级，具有极为重要的作用。它的地位和重要性相当于调音台，因为它的输入接自各种节目源信号，它的输出传输给功放和扬声器，因此，前置放大器也可以说是整个音响系统的控制中心。从结构、性能以及功能来说，前置放大器要比调音台简单些。

（2）前置放大器的性能指标

前置放大器的主要性能指标有：失真度、信噪比、频率响应、转换速率（SR）、输入阻抗和动态范围等。

1）失真度。失真包括谐波失真和互调失真等，当然其值越小越好。作为高保真前置放大器的最低要求，其谐波失真应<0.5%。目前，前置放大器的指标可做得很高。谐波失真一般均能做到小于0.01%，瞬态互调失真大多在0.05%以下。

2）信噪比。其值越大越好。作为高保真前置放大器对宽带信噪比的最低要求为>50dB，现在做到90dB以上也不难了。

3）频率响应。作为高保真前置放大器对频响的最低要求为40～16000Hz，允差<±1.5dB，现在一般能做到20～20000Hz，通带内平直，正负不超过0.1%。

4）其他要求。

除了以上三个最主要指标外，还有许多指标，如要求转换速率（SR）快、动态范围大、各控制电路特性好、整机对电源和温度的变化影响小、工作稳定等。对于输入阻抗，目前国内外都有规定，以实现输入阻抗的匹配。

（3）前置放大器外形

常用的前量放大器外形如图4-9所示。

图4-9 前置放大器外形
(a) 立体声前置放大器；(b) 前置放大器

3.2.3 功率放大器

（1）功率放大器作用

又称后级放大器，简称功放。它的作用是将前置放大器（调音台）输出的音频电压信号进行功率放大，以推动扬声器发声。功率放大器和前置放大器都是声频放大器（亦称音频放大器），两者可以分开设置，也可以合并成一个机器，两者组合在一起时则称为综合放大器。

（2）功率放大器种类

功率放大器的分类方法很多，常见的分类有下列几种。

1）按功率放大器与音箱的配接方式分

定压式功放：为了进行远距离传输音频功率信号，减少在传输中的能量损耗，以较高电压形式传送音频功率信号，一般有75V、100V、120V、240V等不同电压输出端子供使用者选择。使用定压功放要求功放和扬声器之间使用线间变压器进行阻抗匹配。扬声器的功率总和不能超过功率放大器的额定功率，传输线的直径不能太小，以减少导线的电流损耗。

定阻式功放：功率放大器以固定阻抗形式输出音频功率信号，也就是要求音箱按规定的阻抗进行配接，才能得到额定功率的输出分配。

2）按晶体管功率放大器的末级电路结构分

OTL 电路：OTL（Output Transformer Less）为单端推挽式无输出变压器功率放大电路，采用单电源，两组串联的输出中点通过电容输出信号。它是一种输出级与扬声器之间采用电容耦合的无输出变压器方式。

OCL 电路：OCL（Output Capacitor Less）的最大特点是电路全部采用直接耦合方式，中间既不要输入、输出变压器，也不要电容器，是一种输出级与扬声器之间不用电容而直接耦合的方式。

BTL 电路：BTL（Balanced Transformer Less）的特点是在较低电源电压下能够得到较大的输出功率，称为平衡式无输出变压器电路，或称为桥式推挽功率放大电路，其输出级与扬声器之间以电桥方式连接，适于大功率运用。

3）按功放所用的放大器件分

可分为电子管功率放大器，晶体管功率放大器和集成电路功率放大器。现在，晶体管（包括场效应晶体管）功放和集成电路（包括厚膜集成电路）功放占有主导地位，但在高保真放声系统中，电子管功放仍占有一席之地。电子管功放的缺点是功耗大、体积重量大、效率低，但其动态范围大，对信号过荷承受能力明显优于晶体管功放，而且其负反馈不深，因此它一般不存在瞬态互调失真。而晶体管功放的开环增益大，其优良的电声指标是依靠深度负反馈来达到，致使容易产生瞬态互调失真。因此电子管功放的音色比较纯美，还在家用音响中使用，而晶体管功放存在一种所谓："晶体管声"或"金属声"，使声音有些发硬、发刺。不过，近来晶体管功放作了不少改进，如出现无负反馈电路、纯 DC（直耦）电路等来改善音质，使晶体管和集成电路功放的应用越来越多。

（3）功率放大器的性能指标

功率放大器的性能指标很多，有输出功率、频率响应、失真度、信噪比、输出阻抗、阻尼系数等，其中以输出功率、频率响应、失真度三项指标为主。

1）输出功率

输出功率是指功放输送给负载的功率，以瓦（W）为基本单位。功放在放大量和负载一定的情况下，输出功率的大小由输入信号的大小决定。过去，人们用额定输出功率来衡量输出功率，现在由于高保真度的追求和对音质的评价不一样，采用的测量方法不同，因此形成了许多名目的功率称呼，应当注意。

额定输出功率（RMS）　额定输出功率是指在一定的谐波失真指标内，功放输出的最大功率。应该注意，功放的负载和谐波失真指标不同，额定输出功率也随之不同。通常规定的谐波失真指标有 1% 和 10%。

最大输出功率　在上述情况下不考虑失真的大小，给功放输入足够大的信号，并将音量和音调电位器调至最大时，功放所能输出的最大功率称为最大输出功率。额定输出功率（即最大有用功率）和最大输出功率是我国早期音响产品说明书上常用的两种功率。

但是，在放音时却有这样的情况，两台最大有用功率及扬声器灵敏度都差不多的功放，在试听交响乐节目时，当一段音乐从低潮过去以后突然来一突发性的打击乐器声，可能一台功放能在瞬间给出相当大的功率，给人以力度感，另一台功放却显得底气不足。为了标志功放这种瞬间的突发性输出功率的能力，除了测量上述的最大有用功率和最大输出功率之外，有必要测量功放的音乐输出功率和峰值音乐输出功率，才能全面地反映功放的输出能力。

音乐输出功率（Music Power Output，简写为 MPO）是指功放工作于音乐信号时的输出功率，亦即在输出失真度不超过规定值的条件下，功放对音乐信号的瞬间最大输出功率。

峰值音乐输出功率（PMPO） 它通常是指在不计失真的条件下，将功放的音量和音调电位器调至最大时，功放所能输出的最大音乐功率。峰值音乐功率不仅反映了功放的性能，而且能反映功放直流电源的供电能力。

2）频率响应

频率响应是指功率放大器对声频信号各频率分量的均匀放大能力。频率响应一般可分为幅度频率响应和相位频率响应。

幅度频率响应表征了功放的工作频率范围，以及在工作频率范围内的幅度是否均匀和不均匀的程度。所谓工作频率范围是指幅频响应的输出信号电平相对于 1000Hz 信号电平下降处的上限频率与下限频率之间的频率范围。

3）谐波失真

谐波失真是由功率放大器中的非线性元件引起的，这种非线性会使声频信号产生许多新的谐波成分。其失真大小是以输出信号中所有谐波的有效值与基波电压的有效值之比的百分数来表示。谐波失真度越小越好。

谐波失真与频率有关。通常在 1000Hz 附近，谐波失真量较小，在频响的高、低端，谐波失真量越大。谐波失真还与功放的输出功率有关，当接近于额定最大输出功率时，谐波失真急剧增大。目前，优质功率放大器在整个音频范围内的总谐波失真一般小于 0.1%；优秀功放谐波失真值大多在 0.03%～0.05% 之间。

4）信噪比

信噪比是指功放输出的各种噪声（如交流声、白噪声）电平与输出信号电平的比值的分贝数，信噪比的分贝值越高，说明功放的噪声越小，性能越好。一般要求在 50dB 以上，优质功放在放唱片时的信噪比大于 72dB。

5）输出阻抗和阻尼系数

功放输出端对负载（扬声器）所呈现的等效内阻抗，称为输出阻抗，阻尼系数则是指功放给扬声器的电阻尼的大小。由于功放电路的输出阻抗是与扬声器并联的，相当于在扬声器音圈两端并联一个很小的电阻，它会使扬声器纸盆的惯性振荡受到阻尼。功放的输出阻抗越小，对扬声器的阻尼越大，因此常用阻尼系数来描述功放电路对扬声器的阻尼程度。阻尼系数定义为扬声器阻抗与功放输出阻抗（含接线电阻）之比。

(4) 电路结构图如图 4-10 所示。

(5) 功率放大器外形如图 4-11 所示。

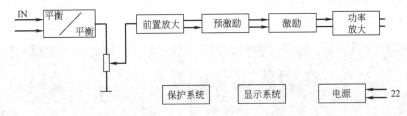

图 4-10 功率放大器基本电路结构图

图 4-11 功率放大器

3.2.4 频率均衡器

在音响扩声系统中，对音频信号要进行很多方面的加工处理，才能使音色变得优美、悦耳、动听，满足人们的聆听需要。

(1) 均衡器的作用与类型

频率均衡器，有时又称图示均衡器、房间均衡器等，它是用来精确校正频率特性的音响设备，在现场演出、歌舞厅、厅堂扩声、音响节目制作等方面均有应用。它的主要作用是：

1) 提高声质，调整频谱曲线；
2) 改善系统的信噪比，衰减噪声频带；
3) 消除声反馈；
4) 弥补声场的缺陷，改善听音环境；
5) 修饰或美化音色，提高音质和音响效果。

频率均衡器的前面板装有一排推拉式电位器，每个电位器对应一个中心频率。整个音频范围内（从低频到高频）一般分为9～31个中心频率，它调整的频响曲线可以从推拉电位器推杆所处的位置直观地显示出来，因此称之为图示均衡器。

图示均衡器按频率划分可分为倍频程式、1/2 倍频程式和 1/3 倍频程式等几种。常见的是倍频程式和 1/3 倍频程式两种，所谓倍频程式，是指相邻频段的中心频率相差一倍。国际上对倍频程与 1/3 倍频程的各中心频率都有规定：倍频程式的中心频率一般设在 63Hz、125Hz、250Hz、500Hz、1kHz、2kHz、4kHz、8kHz 和 16kHz 等 9 段均衡器。1/3 倍频程式的中心频率定为 31 个频率点，因此通常称为 31 段均衡器。

有时将其两端频率（如 20Hz、25Hz、31.5Hz、20kHz）省掉几个，就成为 27 段或 30 段的均衡器。显然，对于房间特性均衡用的频率均衡器，频段划分越窄，越有利于进行房间特性补偿，但频率点增多。目前最常用的是 27～31 个频率点的 1/3 倍频程频率均衡器。

(2) 均衡器实例（图 4-12）

图 4-12　高质量的立体声 31 段图形均衡器

3.2.5　压限器

在一套音响系统设备进行扩声、调音过程中，对于不同的音源如美声唱法、民族唱法和通俗唱法的演唱，其歌曲的力度不同，从 PPP—FFF，动态范围很大，所以往往要求音响师根据输出的电平来进行提升或衰减才能使强音时不至于因为过荷而产生失真；弱音时不至于因音源信号过小而造成输出电平不足的现象。自动控制不失真的输出电平，就能解决这些问题，并且能够保护功放和扬声器。压限器就是具有这种功能的音响处理设备。

压缩器是一种特殊的放大器，它有一个阈值，也称门限。当输入信号低于这个门限时，电路有增益放大作用。当输入信号高于门限时，音频信号就按一定的压缩放大。限制器有特定限制阈，当音频信号低于这个门限时，输入信号给予正常的放大增益作用，当音频信号高于这个限制门限时，输入信号就被限制在同一个电平上，而不再有增益放大作用了。

压缩器和限制器，简称压限器。在广播音响系统中，压缩限制器主要有三种用途：

1）压缩信号动态范围，防止过激失真，起压缩器的作用；
2）限制功放输入信号幅度，防止功放过载，以保护功放和扬声器，起限制器的作用；
3）产生特殊的音响效果。

压缩限制器是一种很有前途的设备，其重要性往往不被一些人所认识。且不说它在对声音的处理过程中能产生的特殊效果，仅仅是对功率放大器及扬声器系统的保护作用就已令人称道，对于突发的信号、过强的信号、误操作所产生的大信号和声反馈，压限器都能自动地将其幅度按一定的比例进行压缩或限幅，这样就可以使由于上述现象而引起的功率放大器过载问题得到解决，从而使昂贵的功率放大器和扬声器系统得到保护。

3.2.6　激励器

音响系统中有不少设备，每一种设备都有一定的失真度。尽管高档设备的失真很少，但是一系列的设备加起来，也就产生一系列的失真。当声音从扬声器放出来时，已经失掉了不少成分，其中主要是中频和高频的丰富谐波。人们的聆听感觉是缺少现场感、缺少穿透力、缺乏细腻感、缺少明晰度、缺乏高频泛音等。激励器是从现代电子技术和心理声学的原理上，把失落的细节重新修复、重新再现的一种设备。

它的结构中有两个部分：一部分不经过任何处理直接进入到输出放大电路，而另一路是经过专门的增强线路，产生丰富的可调的音乐谐波（泛音），在输出放大电路中与直接信号混合。

1) 对主声进行处理；

2) 通过主声，把电声系统中丢失的部分加以恢复；

3) 经过激励后，可使音色增加清晰度、可懂度、透明度、表现响度，使声音更优美动听。

3.2.7 延时器和混响器

延时器和混响器是两种不同的音响设备，延时器的作用是将声音信号延迟一段时间后再传送出去，混响器则是用来调节声音的混响效果的设备。但是，它们又有联系，因为混响声是由逐渐衰减的多次反射声组成，因此混响器可以看做是声音信号经多路不同的延迟，并乘上依次减小的系数后再相加输出，或者可以简单地看成延迟后的信号再经一定衰减，反馈到输入端的电路输出。由于延迟器和混响器都可用来产生各种不同的音响效果，因此它们都属于效果器。

延时混响器的应用主要是进行声音（包括歌声）的加工美化，产生立体声效果，此外在扩声和录放声中也有应用。

3.2.8 噪声门

(1) 原理

是一个电子门电路，门限可调。当电路的输入信号电平超过了门限，电路就导通了。

要求电路启动快，因为有些乐音始振特性很快就建立起来了，并进入稳态，所以，电路动作要灵敏，不使乐音产生始动特性失真。

关门时要求有延时，保持声音关门时有自然的衰减，给人以舒服的感觉，因此要求噪声门启动快，有控制启动时间的旋钮，衰减时间亦可调、可控。

(2) 应用

1) 在录音和摇滚乐中使用，用于强声级的乐器、鼓与鼓之间；

2) 报幕员，调音师因怕忘记开报幕员的话筒，所以装一个噪声门，常开。报幕员一般谈话声打不开门，只有报幕时话筒与声源很近时才能打开电子开关；

3) 国际圆桌会议，共同开会时，安装了数只话筒，每一位代表都可以发言，为了防止其与翻译、助手等人员的对话进入话筒，所以加装噪声门。

4) 防止声反馈，当一个会议安装了很多话筒，其系统总体增加很大，容易产生声反馈，装了噪声门以后，平时其他话筒都可以被电子门关闭在外了。

3.2.9 反馈抑制器

在剧场、会堂和歌舞厅中，当整个音响系统调整不当时，最容易产生正反馈，发出刺耳的啸叫声。如果不及时进行控制处理，将迅速烧毁音箱的高音单元，造成音响操作上的重大技术事故，损坏了音响设备，影响整个扩声工作。

产生声反馈的主要原因是话筒的传声增益过大，话筒和音箱的距离太近，或者是声场中某些频率的声音反射状态过于活跃，造成声音的正循环性放大。

最主要的是因为建筑声学设计不合理，使传声器所在的声学环境差，另外，扬声器布置不合理、系统调试不良、电声设备选择或使用不良、演员走入扩声场等等多种因素，都会大大增加扬声器的声音回输至传声器而造成啸叫的可能性。在一般的场合下，偶然发生一二次啸叫倒也作罢，但由于系统放大倍数受啸叫的限制造成声功率无法加大，声音太小，使观众感到声音不够，这问题就大了。另外在一些要求特别高的场合，如重要的会议、重大的演出活动、审判庭等等都不允许出现声反馈。所以，对声反馈的抑制是扩声系统的一个极其重要的问题。

反馈抑制器不仅能自动检测和抑制反馈频率，而且还能巧妙利用滤波器的窄带带宽，保留了大量的有用信号。

3.3 音　　箱

音箱是专业音响系统中很重要的一个组成部分，也是最有个性的单元之一。不同结构的音箱都有自己不同的风格、不同的特性。由于从音箱发出的声音是直接放送到人耳，所以其性能指标将影响到整个放声系统的质量好坏。

(1) 音箱组成及工作原理

音箱是由扬声器、分频器和箱体三大部分组成，影响音箱声音质量的首要单元是扬声器，扬声器是将音频信号转换成声波的换能单元。

1) 扬声器的结构如图 4-13 所示。

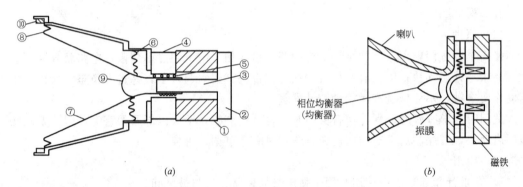

①—磁体；②—导磁板；③—导磁柱；④—上导磁板；⑤—音圈；
⑥—定芯支架；⑦—纸盒；⑧—支撑边；⑨—防尘膜；⑩—压边

图 4-13　扬声器的结构
(a) 低音扬声器的结构；(b) 高音扬声器的结构

工作原理：处于磁场中的音圈送入音频电流，音圈在磁场的作用下，就会产生一个力，使音圈运动，其运动方向根据左手法判定（即电动机原理）。那么在音圈的骨架上连接一个纸盒，则音频电流的信号就通过音圈纸盒产生往复的振动产生声波。

2) 分频器（图 4-14）

音箱的第二个单元是分频器，分频器的设计和制作，分界频率的选择与扬声器的配合，对扬声器的频率分配等因素，对音箱的频率特性都起着重要的作用。如果低音扬声器送入了高频率信号成分，这时高频率声音非但表现不好，反而会使低音振动也受到损害。如果高音扬声器送入了低频信号，就会由于低音信号的功率较大，烧毁高音头音圈。分频器也是音箱中的一个重要环节。

(2) 音箱分类

按照箱体形式分类，音箱可分为封闭式音箱、倒相式音箱、号筒式音箱、声柱等几种。按组合音箱的分频数分类，可分为二分频音箱、三分频音箱、四分频音箱等。按照用途分类，可分为高保真用音箱、监听用音箱、公共广播（扩声）用音箱、其他专门用途

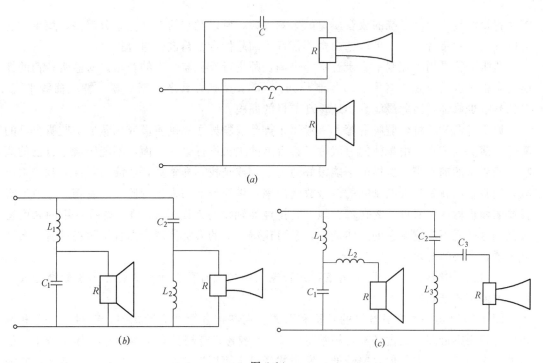

图 4-14
(a) 一路分频；(b) 二路分频；(c) 三路分频

(如防火、防水、报警等) 音箱。从箱体来说，常用的是封闭式音箱和倒相式音箱。声柱则适合于会场语言扩声使用。而在性能上，以监听用音箱要求最高。

下面以常见的音箱分类进行说明。

1) **按使用场合分** 可分家用音箱和专业音箱两大类。一般来说，两者不能混用。家用音箱主要用于家庭音响系统放音，一般用于面积小、听众少、环境安静的场合；在设计上追求音质的纤细、层次分明、解析力强；外形较为精致、美观；放音声压不太高、承受的功率较小，音箱的功率一般不大于 100W，灵敏度 <92dB/(W·m)。专业音箱主要用于厅堂扩声等的专业音响系统放音，一般用于面积大、听众多、环境嘈杂的公众场所，具有较大功率、较高灵敏度 (一般 >98dB/(W·m))、结构牢固、结实、便于吊挂使用，以达到强劲乃至震撼的音响效果；与家用音箱相比，它的音质偏硬，外形也不甚精致。但在专业音箱中的监听音箱，其性能与家用音箱较为接近，外形也比较精致、小巧，所以这类监听音箱常常被家用音响系统采用。

2) **按音频带分类** 有全频带音箱、低音音箱和超低音音箱等。所谓全频带音箱，是指能覆盖低音、中音和高范围放音的音箱。一般其下限频率为 30~60Hz，上限频率为 15~20MHz。在一般中小型音响系统中，只要用一对或两对全频带音箱即可完全承担放音任务。低音音箱或超低音箱一般是用来补充全频带音箱的低频放音和超低频放音。以加强放音的力度和震撼感。在使用中，一般的低音音箱和超低音音箱多是经过电子分频器分频后，送入一个专用低音功放放大、放音。

3) **按用途来分** 专业音箱又可分为主扩声音箱、监听音箱和返听音箱。主扩声音箱一般用作音响系统对公众扩声的主要音箱，它承担着音响系统的主要扩声任务。因此，主扩声音箱对整个音响系统的放音质量的影响重大，所以对它的选择应十分严格、慎重。它可以选用全频带音箱，也可以选用全频带音箱加超低音音箱进行组合扩声。

监听音箱是用于控制室、录音室等供调音师进行节目监听用的音箱。对监听音箱的性能要求很高（尤其是录音室、节目制作间），要求具有失真小、频响宽、特性曲线平直，对信号很少修饰，因此最能真实地重现节目的原貌。

返听音箱又称舞台监听音箱。一般用于舞台或歌舞厅等供演员或乐队成员监听自己的演唱、演奏的声音。由于他们一般位于舞台上的主扩声音箱的后面，不能听清楚自己的演唱声或乐队的演奏声，这样就不能很好地配合，或是找不准感觉，使演出效果受到严重影响。返听音箱就是将音响系统的信号放送出来，供舞台上的人进行监听的音箱。一般返听音箱的面板做成斜面形，放在舞台地上，扬声器轴线与地面呈45°角。返听音箱的高度也较低，这样既不影响舞台的总体造型，又可让舞台上的人听清楚，而且不致将声音反馈到传声器，造成啸叫声。

4）按箱体结构来分　可分为密封式音箱、倒相式音箱、迷宫式音箱、多腔谐振式音箱和声波管式音箱等。

图4-15列出一些常见音箱的结构和形式。在各种音箱结构形式中，密封式音箱和倒相式音箱用得最多，约占各种音箱数量的2/3。密封式音箱具有结构简单、体积较小、低频的瞬态特性等优点，但效率较低。密封式音箱主要用于家用音箱中，在专业音箱中较为少见，只有少数的监听音箱采用密封式结构。倒相式音箱可适合各种形式的扬声器，具有丰富的低音，使人有舒展感。它在家用音箱和专业音箱中都有应用。尤其在专业音箱中，它是用得最多的一种音箱。它是因为它具有频响宽、频率高、声压大等特点，符合专业音响系统的主要要求。

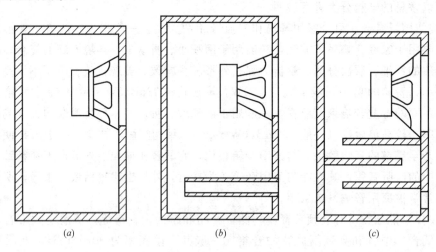

图4-15　音箱的结构
(a) 封闭式音箱；(b) 倒相式音箱；(c) 迷宫式音箱

(3) 扬声器系统的性能指标

1）重放频率特性　音箱的重放频率特性，最理想的是均匀重放人耳的可听频带，即20～20000Hz。但要以大声压级重放很低的频率，就必须考虑经受大振幅的结构和降低失真，还必须增大音箱的体积，所以指标不宜提得太高。

一般高保真用扬声器箱最低要求频响为 50~12500Hz（4~8dB），能达到 50~16000Hz 已足够了。当然 30~20000Hz 则更好。

2）指向性　音箱的指向物性有两种表示方法：一种是极坐标指向性图，能一目了然看出不同方向上辐射声压级的大小变化；二是指向频率特性曲线，它是在偏离音箱中心轴画出相差 30°、45°、60°的声压频率响应特性曲线，从这些曲线的差异可以看出不同方向上，不同频率的声压级大小的变化。

通常说某种音箱指向性强，是说声音向一个方向集中，至于哪一种指向性好，那要看具体使用场合而定，有时希望声音辐射集中到一个方向，有时又希望音箱能在宽的指向角内均匀辐射。声柱是改变扬声器方向性的方法之一，利用号筒也是加强指向性的一个措施。

3）灵敏度　特性灵敏度是指当音箱加上相当于额定阻抗 1W 功率的粉红噪声信号电压时，在轴向 1m 处测得的声压级。扬声器箱的灵敏度与效率是两个不同的概念，效率是输出声功率与输入电功率之比，但一般地说灵敏度高的扬声器箱的效率也较高。不过近来人们认为，对音箱的要求主要是保证音质，而不片面追求提高灵敏度和效率。

4）失真　扬声器系统的失真包括谐波失真、互调失真和瞬态互调失真等。音箱的失真特性比单个扬声器更容易引起特性变坏。通常在分频点附近，因设计或调试不当，失真会大幅度增加。谐波失真主要产生在低频，尤其在共振频率附近最为明显。对于高保真用音箱的最低要求谐波失真不大于 2%。

5）额定阻抗　它是指扬声器在某一特定工作频率时在输入端测得的阻抗值。通常即在产品商标铭牌上标明，由生产厂给出。由生产厂给出的额定阻抗通常是在额定频率范围可望得到最大功率的阻抗模值。额定阻抗一般规定 4Ω、8Ω、16Ω、32Ω 等，国外也有采用 3Ω、6Ω 等。

6）额定功率　额定功率又称标称功率、不失真功率，是生产厂家对扬声器或音箱所规定的功率，具体指在非线性失真不超过该种扬声器的标准范围的条件下的最大输入电功率。它是扬声器的正常工作功率，扬声器在此条件下可以长期工作而不致损坏。

应该指出，额定功率并不是最大功率（又称峰值功率、设计功率）。额定功率是指一段时间的平均功率，在某一瞬间出现的峰值功率可以超过标称功率。最大功率则是扬声器在某一瞬间所能承受的峰值功率。一般情况下最大功率是额定功率的 2~3 倍。但是由于各国、各厂家对功率定义解释不同，实际标称会有很大的出入。

在使用中，虽然允许扬声器短时间超过额定功率，短时间内达到最大功率，但仍要注意要按额定功率来使用，这样保证扬声器长期正常工作。

此外，一般地说，扬声器口径尺寸越大，则它所能承受的功率越大，输出声功率也越大。而且，扬声器口径尺寸越大，它的低频特性越好。因此在对低频重放要求频率比较低时，常常选用大口径扬声器。

课题 4　广播音响系统一般工艺、调试

4.1　广播音响系统的一般工艺

4.1.1　扩声扬声器的施工方法

扩声扬声器大多是安装在厅堂的天花板上或壁面上，但厅堂的天花板和壁面通常不是

平面，并且有时要求扬声器的主轴方向要偏离壁面的垂直方向。这时，为了能很好地安装扬声器，就必须采用一些办法才行。下面就扩声扬声器的施工方法作简单介绍。

(1) 舞台前部用扬声器系统的安装方法

舞台前部用扬声器系统有相当大的重量，声音输出也很大，从安全方面以及从天花板要产生大的振动等方面来考虑，由天花板来支持的施工方法是不行的。因此，如图4-16所示，采用由天花板的结构架用钢筋或钢缆吊下，并与天花板相隔绝的方法。还要用拉线螺丝等以便能对扬声器系统的方向进行调整，使它在安装后可以进行声压分布的调整以及抑制啸叫的调整。

(2) 侧壁扬声器的安装方法

通常在房间声学处理所使用的内部装修材料上安装扬声器，从强度方面来看是危险的。用图4-17所示方法，可使扬声器系统的障板平面与内部装修表面尽可能取齐。障板平面下的尺寸如为扬声器口径的1/5以上时，中声频段的频率特性将产生峰谷，音质将变坏。当扬声器系统安装平面与房间内部装修表面的方向不同时，理想的安装方法如图4-18（a）所示，使扬声器系统突出壁面，这时如按图4-18（b）所示方法安装，则内壁所反射的声音将向扬声器轴线以外的方向辐射而使输出声压频率特性变坏，这种方法是不可取的。这时可以按图4-18（c）所示方法安装，采取加大开口部分并在反射面粘贴吸声材料等措施，使其成为实用的安装方法。

(3) 扬声器前面的装饰

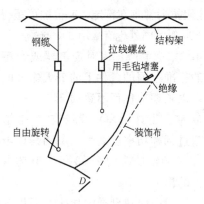

图4-16 舞台前部用扬声器系统的安装方法

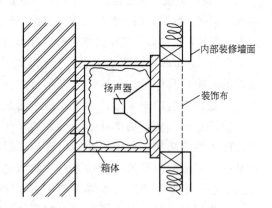

图4-17 侧壁扬声器的安装方法

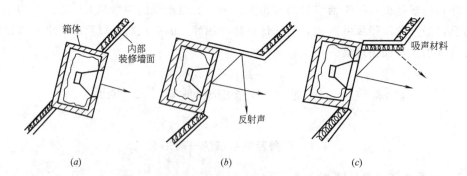

图4-18 当扬声器系统安装平面与房间内部装修表面的方向不同时的安装方法

在扬声器前面安装栅条和方格时，为了防止破坏频率特性以及防止向对准的方向以外辐射声音，如图 4-19（a）所示，每根栅条的粗细必须不超过扬声器口径的 1/10，开口率必须达到 75%。另外使用穿孔金属板等开孔板时，见图 4-19（b），开口率应在 50% 以上。

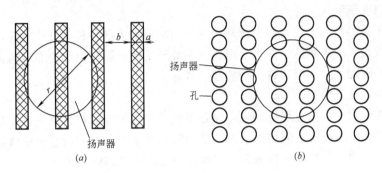

图 4-19 扬声器前面的装饰
(a) 栅条装饰；(b) 穿孔板装饰

（4）改善壁上扬声器特性的方法

有时扬声器系统整体要朝向希望的扩声方向，但由于建筑结构上或意图上的理由，又不能倾斜安装，这时可如图 4-20 所示，利用下面三种方法之一将各扬声器单元在障板上作倾斜安装而扬声器系统整体作垂直安装。

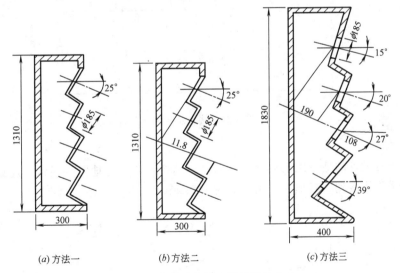

(a) 方法一　　(b) 方法二　　(c) 方法三

图 4-20 改善壁上扬声器特性的方法

4.1.2 声频系统的供电

剧院、影院、体育运动场所、各种娱乐部门、宾馆、广播网等所用的声频系统与其他设备（系统），例如热电设备、照明灯光系统，共用一个市电电网。如果不采取有效措施，势必会引起很多问题。电网电压的波动，具有晶闸管整流或使用开关稳压电源的设备或系统，通过电网互相干扰都会影响或破坏声频系统的正常工作。

声频系统不能随意接入电网，必须与其他用电系统或设备隔离。

(1) 交流磁饱和稳压器隔离

声频系统中各设备虽然都有直流稳压器，但是有一定的适应范围，如果交流供电波动过大，超出了电压调整范围，系统工作失去正常。在电网和系统之间加接一个交流稳压器可以使音频系统在稳定的交流电压下工作，避免交流电压波动的影响。

(2) 隔离变压器

隔离变压器的接入，使音频系统从根本上与电网引入的各种杂波干扰分离，不会进入声频系统干扰正常的声频信号。来自电网的杂波干扰通过隔离层和分布电容流入地，从而消除了干扰。因此，隔离层和铁心必须接地良好。

(3) 声频系统的放置

声频系统的放置，应有严格要求，设备不能置于电源分配箱、调光器和各种电热器附近。特别对磁敏感的设备，例如磁带录音机和具有高阻输入口的调音台或前级放大器，通常应有一个良好的设备房间或控制室，以避免磁感应直接影响系统。

4.1.3 接地

声频系统接地工艺非常重要。接地方式有以下几种类型，"浮地"、"虚地"、"星地"、"真地"。系统设备间的接地工艺设计，根据这几个基本概念进行的。

(1) "浮地"

图4-21电路中，二个反相的信号端子（a，b）都不接地，在流通路径上，就会有一个（c）"零"电位点，这个点称为浮地点。

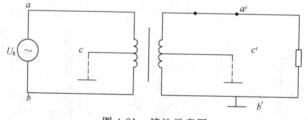

图 4-21 接地示意图

(2) "星地"

系统中所有设备的地分别汇总接到一点上，这个点叫"星地"。"星地"应该用一条足够粗的多股铜绞线接到"真地"上去，如图4-22所示。

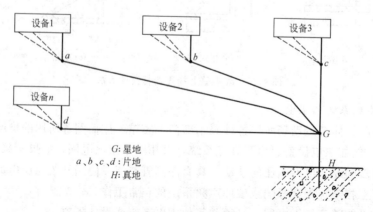

图 4-22 星地的接地方式

（3）"真地"

就是自然界的"大地"，其上的电位理论上始终为"零"。构成方法有多种，可根据需要和效果而定，如图4-23所示，详细要求有标准可套。如果建筑物"真地"没有预设，或阻值太大，可利用自来水管作"真地"，但切不可用热水管管道，更不能用气体管道和电缆管道。

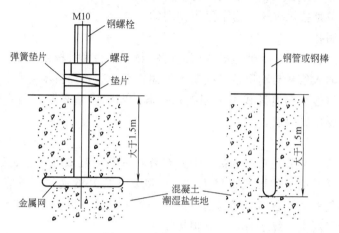

图4-23 真地的接地方式

4.1.4 声频信号的馈接和屏蔽

系统各设备间信号的馈接应使各种电流各行其道。信号通路中有信号地，即音频地，供电通路中有电源地和电力地，屏蔽通路中有屏蔽地。这几种地电流应不发生干扰和交连。

（1）音频接地

首先建立一个"星地"，把"星地"连结到真地上，然后开始连接设备。连接设备的次序应从后级（例如功率放大器）连起，经过调音台，一直连到传声器，然后连接外围设备，例如EQ和延时混响器等。应注意的是前后设备的输出/输入端子应互相对应，热端与热端接，冷端与冷端接，地端与地端接，不可交叉连接。更不能与其他的端子构成回路。如果端子性质不同，中间要加转换电路，以免破坏端子性质，或引入噪声和干扰。

（2）屏蔽连接

设备间传输信号的屏蔽，很多设计都用两端接地，这样做是不合理的，会出现闭合信号的环地，容易出现很多问题，破坏系统正常工作。正确的接法应是屏蔽层末端接地，只能末端接地，而在信号的末端，即较高电平端接地。

4.1.5 机架与设备的安装

（1）绝缘

通常，一个系统的所有设备几乎都组装在十九英寸机架上，调音台通常除外，设备输入/输出端子有平衡之分，此时各种端子就不能随意连接。

首先机架要与"星地"良好可靠的连接，以对整个系统起保护作用，保证设备和操作人员的安全。"星地"接到"真地"的电阻最好在0.5Ω以内，且不得大于3Ω。

设备要与机架绝缘，设备的"片地"应分别单独接到"星地"上，而且这些线间要绝缘，以免产生环地或不良接触。尤其要注意的是，有些设备音频地（即信号地）和保护地不分，都接到机壳上，这种方式在高电平非平衡输入/输出设备中常见。如果机壳和机架不加绝缘，直接相接，则会造成地线紊乱，地电流没有一定的流向。结果使高电平设备、功率设备等稳定性降低，双通道立体声系统的对称性受到破坏。对低电平设备则还会明显地引入额外噪声和干扰，降低系统的信噪比。

（2）组合

设备在机架上的组合，原则上是低电平设备在上部，高电平设备在中部或下部，稳压电源在下部。设备是按用电梯度由上至下排列的。

（3）接线的捆扎

机架上各种接线必须分类通过导线槽通向所要连接的接线板或设备。同类型的线可以捆扎在一起。但输入信号与输出信号线切不可捆扎在一起，而且不可平行走向，最好垂直或成某一角度。信号线和电源线不可捆扎在一起，弱电平信号不可与强信号线捆扎在一起，功率输出线要单独引出。

（4）通风

机架上的设备大部分是功率设备，例如有总功率几千瓦或几十千瓦的功率放大器组，自身有功率损耗，并以热的形式辐射出去，环境要有良好的通风，方能不使设备温度积累，通风的目的是保证设备与环境温度保持一个稳定的设备温度条件在允许范围内的热平衡状态，避免设备温度持续上升，以至损坏设备。

（5）接点

导线的接点有两种方法，焊接和夹接。接点要求可靠、牢固，与连接端子成一体。焊接不得虚焊和假焊，夹接不得松动和假接，夹接触面不得有锈蚀和氧化层。使用多股时不得断股线。屏蔽层连接时，不得有断丝。焊接时要用腐蚀性小的助焊剂或松香水，严禁使用焊油。接点要清洁，不得有腐蚀性物质。连接线不可拉得过紧，走线应尽量避免直角转向以免导线出现硬伤，降低导线强度。

（6）馈线的长度

馈线的长度取决于使用部位，是扬声器线，是信号线还是电源线，是电压信号还是功率（电流）信号馈线。对其长度的要求，总原则是线上的电压和功率损失不得超过设备输出的5%～10%，即电压损失小于20～26dB。

4.2 广播音响系统的调试

要使扩声系统得到满意的音响效果，有了高质量的扩声设备还不够，因为扩声质量不仅取决于传声器、扩音机、扬声器等电声设备的性能，还取决于声源的声学特性以及传声器和扬声器所处环境的声学条件。当建声条件已经确定，声源条件又比较复杂时，常使用人工混响技术以保证扩声系统的音质。

人工混响主要运用于混响传声器中，在主传声器与加强传声器中也要有适量的输入，而主传声器又稍多于加强传声器。

使用人工混响时要谨慎、细心地调整各组传声器中的输入量，找出它们的最佳比例。另一个是混响传声器与其他传声器之间的比例。使用得好以获得声像稳定、层次清晰、现场感觉好的立体声音响效果。

4.2.1 施工前应注意的事项

建筑物办公室或管理室内设置的BGM/呼唤/广播都是一般音响，虽然大多数可兼作紧急广播之用，但是工作人员不必具有音响技术专业才能。艺术馆、剧场、电影院等就很注重音响效果，最重视使用目的，所以需要具有技能的专职人员服务。不论前者还是后者，音响设备的安置施工应该注意设计的意图。对于人们长时间坐在柜台管理的工作环境，应该符合人体工程学和心理学的标准。下面以舞厅为例，施工前和施工时，应该注意下列几点。

（1）充分了解设计人员的设计意图。

舞台扬声器和音响调整室里的各种机器的配置尤其应该注意，一定设法满足设计要求。

（2）看得见的设施要有简洁高雅的外观，使用的设施应操作方便。

1）舞台扬声器展露在舞台上，外观必须美观。令人陶醉的音响从扬声器传出，所以舞台扬声器的性能必须讲究。

2）调整室里的音响机器要适合随手使用。经常使用的人是调音员，应该根据他的坐高、手脚长度考虑设置，符合人体工程学和心理学活动变化（就是应该能够鸟瞰舞台情况和客席全景，及时观察机器状态，直接听到舞台扬声器的声音，以便于调音）。

3）装设架背面的空间应该确保便于维修。

（3）播放声音的设备之间应该留出适当间隔，不但要装挂安全而且音效要有保证。

1）中高音喇叭喉管延长线不要穿入建筑物内侧。

2）舞台扬声器与舞池边沿扬声器的吊挂、抗震维修用的踏板都需要确保安全。

3）远距离扬声器与近距离扬声器之间，应按参数计算角度和装挂位置。

4.2.2 线路连接

电气设备音响设备系统里有三种声音信号水准必须遵守，不能混淆。各水准线路所用的材料也不同。麦克风音准线路和线路音准线路使用屏蔽线，无线装置使用同轴电缆，遥控线路使用多路电缆等。除了应该注意上述信号水准和所用电线之外，还要注意配管路径和终端处理等。

（1）全系统分为麦克风线路、线路音准线路、扬声器线路、遥控线路并分别配管，各管路选用不同的路径。

（2）各管路必须交叉时，应该采取垂直交叉。

（3）各管路应该保持在距离电网电源线路和照明调光线路较远的地方。

（4）舞厅的舞池到音响室、客席中央包厢到舞池或音响室等，距离长的时候会有100m以上，但中途不能有连接。否则，电缆本身的电容会失去平衡导入干扰信号。

（5）使用多路电缆时接头处的编号应该和插头的编号一致，不但表示连接方向，也有利于缩短施工时间。

（6）保证电缆电线芯数应比工作需要的线数多，以便测试和以后增设时使用（需要增设时才想到电线会有90%以上的可能遇到管内电线纠缠而不易加入，必须把管内线全部抽出，一起重新穿入）。

（7）调整室接线虽然也有种种施工限制；但是不论如何麻烦，都是按照信号流方向顺序施工。

（8）在同一线槽铺设电缆通过接线孔时，应该按照声音水准分别铺设，在麦克风电缆和扬声器电缆之间应该插入分隔片互相隔开。

4.2.3 设备搬运

(1) 舞台扬声器的安装要早,及时吊上去。

(2) 舞台扬声器从高处吊下来安装时应该防止左右摇摆,应该用绳索绑住,使它持平。

(3) 舞台扬声器的固定需要等到音响调试完成后,所以持平装置要预留调整角度。

(4) 调整平台是模铸型或框架型,不是用任意长度的缆线根据富余连接而成,安装时应注意。

1) 应该使桌面水平。

2) 基板不能受压不均或者旋得太紧导致断裂。

3) 接头与接头的连接应该对齐成一条直线,不能偏离中心线。

4.2.4 组装设置

(1) 尽量预埋配管并且穿线,只留下和终端机器的接线点,等到组装时再处理。

(2) 传统的栉型端子台接线费时,改用接头箱预先接线,然后整套套接,可以大大节省时间。

(3) 接头大小选用和机器同规格的,在机器出厂时检查附上。在配线时取出母方压接备用,可以缩短核对时间,并且加快组装。

(4) 电缆截断前应该为维修考虑,留下拉出机器所需要的长度。

(5) 各个接头和线头必须绑挂牌号,便于拆开后正确而且迅速地安装。

(6) 同轴电缆的屏蔽层应与框体焊接,完成接地。

4.2.5 检查测定

(1) 施工人员应该在机器设置组装工作完成后,接着进行检查以便交给客户、设计顾问公司或电气工程师使用。

(2) 应该检查部分包括机器外部接线、现场固定等可能影响现场施工是否正确的项目,例如所用的材料是否正确,性能测试是否符合原设计要求等。

(3) 这时的测试称为承包公司检查,属于最早的质量检查,一边检查一边调整,应该注意以下几条:

1) 各种器材全部处于接入状态。

2) 应该采用将来实际使用时的电源(专用电源)作为电源,不能用暂设电源进行检测。

3) 必须检测音响调整平台、功率放大器架、均压器等的性能,且与工厂出品检查记录进行比较。

4) 发现接线错误时,一定要处理,即使理论上不会影响线路性能的地方也要改正。

5) 调整工作的重点,应该致力于整体性能的平衡和音响调整平台—电力放大器—扬声器的各自工作状态和整体的工作状态,并且清除干扰信号。

6) 调整过程中使用的机器,应该就是正式运转时的机器,不能使用替代品,即使替代品是同样性能的机器也不行。

4.2.6 其他事项和竣工说明

(1) 施工前应该有施工时间计划,前后衔接顺序和同时进行关系等流水施工进度表,供各施工部门相互配合。

(2) 完工后应该有机器连接关系、构成关系简表，完成时交给客户供日后维修检查时用。

(3) 交给客户之前，线路和机器的绝缘性、极性测试数据等应该备好书面资料附上。尤其是扬声器按习惯应该接在正相（厂家有端子与振动板不同的产品例子），有可能借出使用或与PA工作者来的机器混用的扬声器相位应当保持一致。对于扬声器是否有固定表现也应检测出来。

(4) 设备的使用年限必须说明，以便客户参考制订维修或改建计划。关于音响设备的使用年限定义有不同的两种论点。

1) 材料本身物理上的损坏。
2) 因为软件和硬件技术的进步，导致落后不能满足要求。

课题5 广播音响系统工程实例

广播音响系统在工程实际上，并不单纯只存在一种类型的扩声系统，而是几种不同类型的扩声系统互相交织在一起，所以广播音响系统工程难度还是很高的。下面我们举一个工程实例，剖析一下广播音响系统在工程中的应用。

[实例] 学校体育馆扩声设计

(1) 概述

学校体育馆是为体育运动新建的比赛场馆。它是一个以比赛为主，练习为辅并配有辅助设施组成的较完整的体育建筑。

使用方要求，此体育馆作为学校内部运动会比赛场馆，首先应满足比赛要求，主要是讲话，公布比赛项目，运动员名单，比赛成绩及名次等等，间放音乐，此外还要考虑平时的多功能使用，如各种类别的比赛和训练，并可兼作集会、文艺演出等活动场所。

除比赛及训练场馆外，建筑物内还有办公室、休息室、工作机房等场所均要求设置有音响。另外，建筑物内还有多功能厅，要求有一套独立音响。

(2) 设计分析

1) 根据使用方提出的使用要求，此馆属于以语言扩声为主，兼作文艺演出等多功能使用的场所。为保证语言清晰度，从扩声效果出发，要求比赛厅内有足够的吸音量。

2) 在整个声频范围内，厅内的建筑、门窗、玻璃、座椅等设施不得有共振现象，厅内不得有聚焦、回声等声学缺陷。

(3) 扩声系统工程设计

1) 比赛馆扩声系统 根据比赛大厅的实际造型，为了保证以语言扩声为主的扩声要求，本系统采用了集中扩声与分布扩声相结合的形式。比赛大厅屋架中央下弦球以下悬挂一组吊扬声器系统。声吊篮平面呈正八角开，对角尺寸4m，南北方向各有三组扬声器系统分别覆盖南北两区；它是由低音箱和定指向性号筒组成。比赛场地边线上空分布悬吊两组共10只声柱，与中央组吊扬声器重叠覆盖南北两区观众席。另外，声吊栏东西两侧面向下布置有两只声柱负责场地扩声。语言扩声时，以声柱为主，中央组吊系统作辅助。为了减少中央组吊系统与边框四角声柱由于声程差在部分观众席上造成的双音，系统设计时在每组声柱通道中设有延时器。

音乐扩声时以中央组吊系统为主,声柱为辅。利用集中声源的优点是声像位置集中,特别在现场演出时临场感更好。为了避免声音有吊顶上方来的感觉,同时为了增加观众厅的声能密度,在比赛场地四角设置有四组较大型的三分频扬声器系统。通过调节中央组吊系统的声级差与时间差,可使观众获得满意的声像效果。音乐扩声时利用混响器增加混响效果,根据现场需要作适当调整,这一点往往是非常重要的。

系统采用16路多功能调音台控制,为了改善房间因素对扩声的影响,每一输出通道中都设有房间均衡器,根据声场要求可作灵活调整。

为了提高信号的传输质量,中央组吊系统及场地四周流动扬声器系统均采用定阻传输。语言扩声用的两组音柱及各层办公用房的吸顶扬声器均采用120V定压传输。

2) 公共广播系统 比赛厅四周的运动员、裁判员休息室以及各种工作间、办公室、机房等均设有音响装置。其目的一是作大会广播,二是播放音乐。根据房间面积、层高及吊顶情况,本设计采用定压传输吸顶扬声器的公共广播系统。

3) 转播要求 为了现场直播的需要,根据广播电视电影部要求,从声控室分别提供四个机房二路0分贝(0.775V)的信号线(一主一备)。

(4) 机房的确定

设四个机房为:广播播音室;评论声控制室;电视播音室;对外广播转录机房。

小　结

广播音响系统的设备安装一部分是扬声器的安装,另一部分是调音、扩音设备的安装。对于调音、扩音设备的安装来说,这些设备的安装仅是整体设备在扩音室内独立的安装。安装时不涉及到其他因素,安装的方法也比较简单。如:声音的处理设备通常装设在一个机柜内,将机柜安装完毕安装就结束了。调音台也是独立的设备,安装也就如此。但是扬声器的安装就比较复杂了,因为它的安装要与建筑结构密切配合,要满足建筑声学的要求和声音环境的设计要求。本单元要将扬声器的安装视为重点。管线的安装和敷设请参照前几个单元进行即可。通常在广播音响系统安装前要对设计文件进行核对,设计文件一般包括如下几个内容:(1)设计说明书,(2)系统方框图,(3)管线布置图,(4)设备布置图,(5)设备表和设计预算。

思考题与习题

4-1 声音学包括哪些内容?建筑声学主要研究哪些内容?

4-2 调音台的主要功能?

4-3 音箱有哪些种类型?

4-4 广播音响系统工程的设计文件有哪些内容?

4-5 广播音响系统调试前应该注意哪些事项?

单元 5　可视对讲系统

课题 1　概　　述

楼宇对讲系统的概念是指对来访客人与住户之间提供双向通话或可视通话,并由住户遥控防盗门的开关及向保安管理中心进行紧急报警的一种安全防范系统;是采用单片机技术、双工对讲技术、CCD 摄像技术及视频显像技术而设计的一种访客识别电控信息管理的智能系统。

安全性是考察物业管理水平是否完善的一个重要条件。对讲与可视对讲系统是业主与来访者的音像通信联络系统,是防范非法入侵的安全防线。业主可在室内利用分机完成与来访者的通话并通过分机屏幕上的影像辨认来访者。业主利用分机上的门锁控制键可以决定是否允许来访者进入。

课题 2　可视对讲系统组成

小区管理由四部分组成,小区物业管理室、小区入口保安室、大楼单元门口、小区用户住宅。如图 5-1 所示。

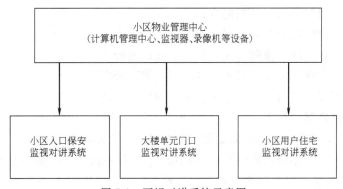

图 5-1　可视对讲系统示意图

2.1　小区物业管理室

该室配有系统的主管理机、监视器、计算机、打印机和小区物业管理软件。

它是系统的大脑,其功能有:

(1) 主管理机可与副管理机、各门口主机和用户分机之间互相呼叫和对讲。

(2) 主管理机可实时接收用户分机的报警和各路探头报警,并存储、显示报警信息,把信息传给计算机。

(3) 主管理机可拨号监视小区各单元门口。

2.2 小区入口保安室

该室只配有副管理机。其功能有：
(1) 副管理机可呼叫小区每个用户分机，与用户对讲。
(2) 副管理机可呼叫主管理机，并与管理员通话。

2.3 大楼单元门口

这部分配有门口主机、电控锁、闭门器和电源。其功能有：
(1) 门口主机呼叫用户分机、并对讲；在分机选通的情况下，可接收分机开锁信号并开锁。
(2) 用户可在门口主机上设置密码，用密码（也可用钥匙）开锁。用户密码是采用一户一码制，并可随时修改。
(3) 在门口主机上按"保安"键，就可呼叫主管理机并对讲。
(4) 用户可在门口主机上操作，对家中的报警控制器进行撤防。用密码开门的同时其设防的防区也撤防了，从而防止误报。
(5) 门口主机有抢线功能，当户户对讲时，可以在主机上按"♯"键，切断户户对讲，使门口主机能呼叫分机。
(6) 门口主机还有对分机编号和线路忙指示。

2.4 小区用户住宅

用户家里设有用户分机，智能综合控制器（也可设置在用户分机里），探测器，烟感温感探头，紧急按钮和四表。其功能有：
(1) 单元内用户分机能相互呼叫对讲。
(2) 按用户分机上的"报警"钮，向主管理机报警。
(3) 住户可通过可视对讲分机查看楼门口的情况和来访者。
(4) 综合控制器可以对家庭安全防盗系统布防或撤防。
(5) 系统中隔离器的作用：
1) 故障自动检测功能，对本隔离器内的分机进行短路检测。
2) 故障报警功能，当隔离器检测到短路故障时，就报警到主管理机和计算机，方便维修。
3) 故障隔离功能，一个隔离器内的分机出现问题，只影响本隔离器内分机。
4) 具有信号放大的作用。
(6) 可视对讲分机有对讲安防一体化分机，可以直接接四路防区报警。
(7) 用户分机或综合控制器可以根据用户的需要对各探头灵活地布、撤防。例如，可以全部布防或撤防，也可以只布、撤个别的防区。晚上只布防门磁。

控制器，使住户与访客的直接沟通变成住户、管理中心与访客的三方沟通。在楼宇可视对讲监控系统中加入管理中心控制器，相当于增强了系统的安全防范能力，也进一步提高了物业管理部门对于住宅小区的综合治理能力。同时任何分机均可报警至小区管理机，小区管理机可显示报警分机的楼栋数及房号，使用非常方便。

课题 3 可视对讲系统的设备

3.1 室内分机

可实现红外夜视、随时监控的监控器,且可通过选择器扩带多个监控头、双向对讲,可实现住户与住户之间的谈话且绝对保密、主人不在时来访者图像确认及贮存功能、开锁按键、来访者的图像可通过室外的 1/3 寸 CCD 摄影头显示在室内显示屏上。

该系统功能和装置有彩色黑白、影视对讲系统、室内外机间相互对讲、24 小时监控、防盗监控回路、可选择监看功能或求救按钮功能、可选择交流入或直流入、警报声同步传送至门口机、可选择响铃警报声。可视分机安装在业主的起居室的墙壁上或门后的侧墙上。

3.1.1 室内机功能

(1) 室内机具有紧急求助按钮报警接口,可向保安中心进行紧急求助报警。

(2) 具有门控(控制单元门的开启)功能。

(3) 具有免挂机功能,分机未挂好不影响呼叫。

3.1.2 室内机分类

按照功能分类,有单对讲室内机、可视对讲室内机、免提型可视对讲室内机。

(1) 单对讲室内机如图 5-2 所示。

1) 可与主机双向保密通话;

2) 独立遥控开锁电路,保证开锁可靠有效;

3) 在振铃和通话时可看到来访者图像;

4) 住户可以按分机上的监视键主动监视大门口情况;

5) 可视分机图像对比度、亮度可调;

6) 彩色或黑白视频系统可选择,兼容非可视分机。

(2) 可视对讲室内机如图 5-3 所示。

图 5-2 单对讲室内机

图 5-3 可视对讲室内机

图 5-4 免提型可视对讲室内机

1) 可与主机双向保密通话；
2) 独立遥控开锁电路，保证开锁可靠有效；
3) 在振铃和通话时可看到来访者图像；
4) 住户可以按分机上的监视键主动监视大门口情况；
5) 可视分机图像对比度、亮度可调；
6) 彩色或黑白视频系统可选择，兼容非可视分机。

（3）免提型可视对讲室内机如图 5-4 所示。
1) 系统所有功能均由微电脑智能芯片完成；
2) 一套系统最多可以接入 1 台主机和 1 台分机；
3) 具有监视门口主机之功能；
4) 多种振铃声可供选择；
5) 方便快捷的布线方式；
6) 采用红外线增强技术，内置红外管，晚上也能清晰辨认访客；
7) 摄像头方向可自由调节。

3.2 门口主机

3.2.1 门口主机功能

（1）单元门口机特征参数可通过键盘设置；
（2）能与分机实现双向对讲；
（3）接收分机遥控开锁；
（4）一户一码制，密码开锁；
（5）实时短路自动保护、电锁自动保护、电源欠压保护；
（6）温度：−40～40℃；
（7）具备防震、防雨等防护措施；
（8）单元门口主机具有红外补光功能，彩色主机具有超亮光补偿功能；
（9）独户型别墅室内分机具备图像存储功能；
（10）具有低照度功能，保证在星光下能清晰的分辨来访者的容貌。

3.2.2 门口机分类

按照功能分类，有单对讲门口机、独户类黑白（彩色）可视对讲门口机、直呼式黑白（彩色）可视对讲门口机、编码式黑白（彩色）可视联网对讲门口机。

（1）单对讲门口机（图 5-5）
1) 系统所有功能由电脑芯片完成，可联网 240 台主机，每台主机可带 400 台分机；
2) 触发式振铃，保密通话，具有户户开锁密码功能；
3) 具有联网功能，可与 NL 系列综合联网；
4) 具有 4 路同时通话功能，能满足小区内不同楼房结构（如大厦与别墅）之间的混合联网。

（2）独户类黑白（彩色）可视对讲门口机如图 5-6 所示。

图 5-5 单对讲门口机

图 5-6 独户类黑白（彩色）
可视对讲门口机

1) 直呼式操作，方便简单；
2) 开放式通话，不限时间；
3) 1 台主机可带 4 台分机，适用于别墅多单元结构；
4) 可与主机双向通话，且具有远程控制开锁功能；
5) 适用于小区住宅门口进行二次确认使用。

(3) 直呼式黑白（彩色）可视对讲门口机如图 5-7 所示。
1) 主机有 1×2、1×3、1×4、1×7、1×8、2×6、2×8 户型供选择；
2) 具对讲、监视、遥控开锁功能；
3) 夜间键盘自动照明，可视分机有主动监视功能；
4) 高性能的 CCD 摄像机，可获得优质影像；
5) 可选择彩色或黑白视频系统；
6) 保密通话 120s；
7) 独立遥控开锁电路，保证开锁可靠有效。

(4) 编码式黑白（彩色）可视联网对讲门口机如图 5-8 所示。

图 5-7 直呼式黑白（彩色）
可视对讲门口机

图 5-8 编码式黑白（彩色）
可视联网对讲门口机

1) 系统所有功能由电脑芯片完成，可联网 120 台主机，每台主机可带 400 台分机；
2) 门口主机采用高性能 CCD，能清晰辨认来访客人；

3) 主机三位、四位显示可选；
4) 触发式振铃，保密通话 120s，具有户户开锁密码功能；
5) 具有联网功能，可与 NL 系列综合联网；
6) 具有 4 路同时通话功能，能满足小区内不同楼房结构（如大厦与别墅）之间的混合联网。

3.3 管理中心主机

管理中心主机对小区有关系统执行实时在线监控。当接收到有关报警信息后，可向管理人员提供准确的报警资料，实现多级电子地图报警指示，并且提供输出设备驱动相关的 LED 地图版。

3.3.1 管理中心主机功能

（1）与分机双向呼叫、双向对讲并显示分机号码；
（2）接收各分机的报警，显示报警信息并存贮；
（3）主机呼叫管理主机时，可显示单元门主机图像并可遥控开锁；
（4）与副管理机双向呼叫、双向对讲；
（5）具有抢线功能；
（6）可与微机接口，管理软件可在中文 Windows 环境下运行；
（7）采用微电脑芯片控制；
（8）总线配线制；
（9）在其管辖区域内，通话正常；
（10）工作温度至少满足 $-10 \sim +40$℃。

3.3.2 管理中心主机分类

按照功能分类，有非可视管理机、可视管理机。
（1）非可视管理机如图 5-9 所示。
1) 所有分机可对管理中心呼叫，管理中心显示所呼叫号码，管理中心可任意呼叫小区任一用户。管理中心显示来电用户号码，可存储 2888 条报警记录及相关信息；
2) 可视非可视联网；

图 5-9 非可视管理机　　　　　　　　图 5-10 可视管理机

3) 门口主机可呼叫管理中心，保密通话 120s，管理中心提供遥控开锁功能；

4) 具有时间校正功能；

5) 随时为用户添加特定功能，以满足住宅小区个性化设计需要。

(2) 可视管理机如图 5-10 所示。

1) 所有分机可对管理中心呼叫，双向编解码，管理中心显示所呼叫号码，管理中心可任意呼叫小区任一用户。管理中心显示来电用户号码，可存储 30 条报警记录及相关信息；

2) 可视非可视联网；

3) 门口主机可呼叫管理中心，保密通话 120s，管理中心提供遥控开锁功能；

4) 管理中心可任意监视各门口场所影像；

5) 可选择彩色或黑白视频系统；

6) 随时为用户添加特定功能，以满足住宅小区个性化设计需要。

3.4 译码分配器（图 5-11）

用于语音编码信号和影像编码信号解码，然后送至对应的业主分机，在系统中串行连接使用。每个译码分配器可供 4 户、8 户或 12 户使用。采用 12～24V 直流电，由本系统电源设备供电，该设备安装在楼内的弱电竖井内。

3.5 视频分配器

将视频信号放大分配并将音频和电源转接后，再送往室内机。每台视频分配器可以根据需要，做成 4 路、8 路或 12 路视频输出，供 4 台、8 台或 12 台室内机使用。

3.6 电源供应器（图 5-12）

它是系统的供电设备。采用 220V 交流供电，12～24V 直流输出。安装在楼内的弱电竖井内。

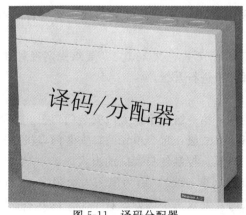

图 5-11 译码分配器

图 5-12 电源供应器

3.7 电控锁及闭门器

电控锁安装在单元楼门上，受控于业主和物业管理保安值班人员。平时锁闭，当确认来访者可进入后，通过对设定键的操作，打开电控锁，来访者便可进入，之后门上的电控锁自动锁闭。闭门器配合电控锁工作，自动关门。

课题4 系统布线

专业工程技术人员应根据现场的电气、电磁环境作出最佳的安装方案。在实际工程中，应根据线长和系统的负荷及建筑物内的布局来灵活安装。以下提供正常情况下的配线参数，供参考。

视频线：系统干线采用SYV-75-5视频线，当线长超过一定长度，视频达不到1Vp-p时，可考虑增加视频分配器。系统干线采用SYV-75-3视频线，当线长超过50m，可考虑使用SYV-75-5视频线。

信号线：在单元系统中，主干线与到户线应一致，线长按最高楼层计算；当线长≤50m时，可选用线径为ϕ0.3mm的线；当线长在50～80m之间时，可选用线径为ϕ0.5mm的线；当线长≥80m时，可选用线径为ϕ0.7mm的线。在连接管理中心时，联网线可采用分片方式尽量控制在600m以内。当系统总线长≤100m时，可选用线径为ϕ0.5mm的线；当系统总线长在100～200m之间时，可选用线径为ϕ0.75mm的线；当系统总线长在200～600m之间时，可选用线径为ϕ1mm的线。

电源线：可根据传输距离计算电压的压降。当线长小于20m时，推荐使用ϕ0.5mm的线作为电源线。

课题5 工程实例

某综合性小区，要求小区联网型可视对讲系统，实现小区来访客人的控制和管理人员与住户之间的双向通话，小区总共850户住宅，组成如下：

18层高层住宅3栋，每层7户，共378户，要求安装壁挂可视对讲分机。

高档6层住宅8栋，每栋2个单元，每单元12户，共192户，要求安装台式可视对讲分机。

普通7层住宅5栋，每栋4个单元，每单元14户，共280户，要求先实现对讲功能，如将来需要可视对讲功能，由住户购买可视分机进行升级。

(1) 设计方案如下

小区联网型可视对讲系统可实行三级控制，第一级：小区大门安装门口机，来访客人呼叫住户，住户允许进入时，保安人员放行。第二级：每个单元门口安装门口机，控制单元的进入。第三级：每个住户门口外安装门口机，控制住户家门的出入。

对于大型小区不建议安装小区大门门口机（第一级），因为出入人员很多，门口机只有一台，造成来访客人的长时间等待，必要时，建议将小区分成若干个子区域，各区域自成系统，每个区域在小区大门口各安装一台门口机，既解决了瓶颈问题，也不会使工程造价提高很多。如果安装第三级的住户门口机，每户工程造价将会增加400元，因此，安装与否由开发商根据预算而定。总之，每个小区选择哪种控制方案，必须考虑合理性、实用性、经济性等多方面的因素。

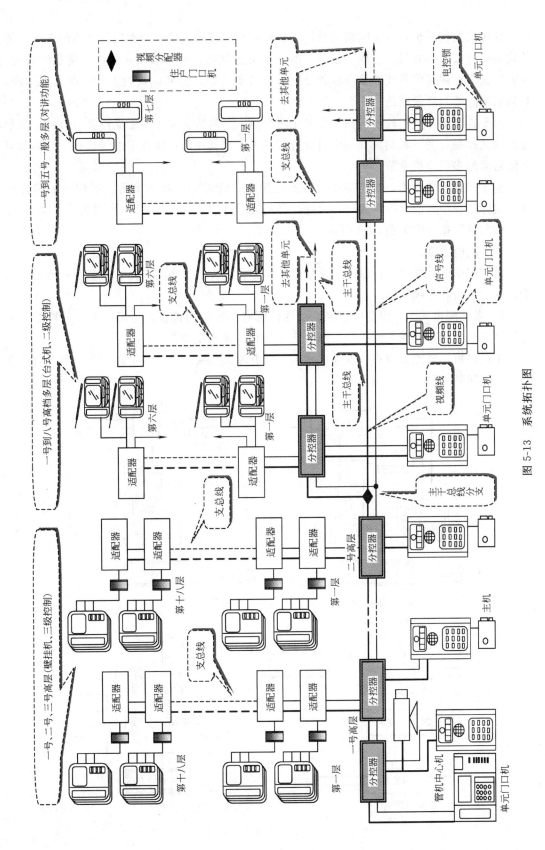

图 5-13 系统拓扑图

总线式控制系统,在小区联网时,必须根据小区楼房布局,合理安排总线的走向,使总线不要过长,必要时,总线不必由一条线从头走到尾,可以采取并联方式使总线分支,这种情况下,视频信号线必须由视频分配器来分支。如果公共区域的主干总线是走地沟,必须采取防潮和防鼠措施。

对于具有多个大门的小区和一个单元两个出入口的情况,本系统支持多门口机,由于是总线式控制,同一时刻只有一个门口机可以工作,其他门口机处于占线状态。具体细节参阅后面的多门口机章节。

为了起到示范作用,本模型中三栋高层采用三级控制、其他采用二级控制的综合设计,实际工程中可能有很多变化,因此,必须灵活运用。

(2) 系统拓扑图如图 5-13 所示

(3) 配电方案

系统配电的总要求为:保证系统稳定工作、设计合理、布线方便、停电后关闭可视功能,保留对讲和开锁功能。

1) 系统配电 为了保证停电保护功能,所有系统组网设备,如门口机、分控器、适配器等必须采用不间断电源,保证停电后维持对讲和开锁功能。

主门口机、监控摄像头、管理机共用一个电源,如果三个设备不在一起,必须每台配备一个不间断电源。

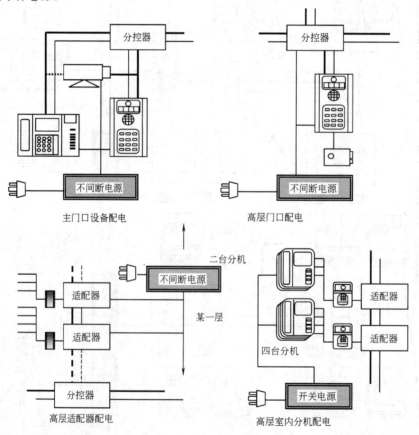

图 5-14 配电拓扑图

高层：门口机和分控器共用一个不间断电源，楼内的适配器每 10 台用一个不间断电源，总共需要 15 个不间断电源。

高档多层和一般多层：每个单元的门口机、分控器、适配器共用一个不间断电源，总共需要 36 个电源。

2）室内机配电　可视室内分机由于功耗较大，每台 800mA，必须独立供电，不同于纯对讲设备由系统供电即可，这是很多人在设计可视对讲系统方案时所忽略的问题，必须引起重视。独立供电有两种方式：其一是每台室内分机在室内分别由线性电源供电，这种方式既不美观，而且施工较难，不建议采用。其二是集中供电，在系统中配置开关电源，一个电源给若干台室内分机供电，因为所有室内分机不可能在同一时刻全部都工作，因此，一个开关电源最多可带 20 台可视分机，具体数量以施工方便为原则。

高层：每层配备一个开关电源，共需 18 个电源。

多层：每个单元配备一个开关电源，共需 36 个电源，其中一般多层所配的开关电源是为将来升级可视功能用的，建议安装。

(4) 配电拓扑图如图 5-14 所示。

小　结

可视对讲系统从技术原理可以认为是由两个系统所组成，即音频和视频系统。可视对讲系统的存在完全是为了满足人们对生命财产的安全越来越重视的程度。可视对讲系统是阻止非法入侵而保障居民生命财产安全的最直接的系统。对讲系统的任务是为小区建立一个强大、高效、灵活的具有对讲、防盗、报警等功能，管理综合信息系统，并以此为中心建立一个智能化小区。楼宇对讲系统的目标是为住户、管理者提供安全防范保障；通过及时、准确、系统、完整的信息提高服务质量；有效对小区实施严密监控，提高管理水平，降低营运成本，最大限度提高小区生活的舒适度和便利度。该系统安装设备和线路敷设完全可以按照音频系统（单元 4 内容）和视频系统（单元 2、3 内容）来进行。

思考题与习题

结合图 5-13 用文字编写该系统的工作过程。

单元6 时钟系统

课题1 概　　述

从古至今时间对于人们的日常生活是非常重要的，曾经人们外出打猎，种地耕耘，日出而作，日落而息，现今人们的工作、学习、外出等日常生活，社会中的交通、通信、教育、生产等领域中都离不开一个统一准确的时间，否则，我们的日常生活将会受到严重的影响。

远古时代，人类靠目测太阳的位置来确定时间，随着时代的推移，文明的进步，人类发明了圭表、日晷、水钟、沙漏等来计量时间，现今社会中时间就是金钱，可见时间的准确与统一是无比重要的，而随着科学技术的发展，人们发明了机械钟表，石英钟表，电波钟，以及利用氢原子、铯原子的辐射电磁波控制和校准电子振荡器的原理而发明的原子钟，其准确程度可高达百万分之一秒，随着电子技术、计算机技术、网络技术以及通信技术的发展，采用高性能的震荡源保证走时准确，虽存在一定的积累误差，但可自动校时，再将标准时间信号通过网络自动传输的钟表在我们日常生活中已经普遍存在了，如广泛应用于工厂、学校、医院、行政大楼、宾馆饭店、火车站、地铁、飞机场等各种场所的区域时间控制系统。

对于大规模的建筑而言，我们经常能看到各式各样的建筑钟、花坛钟、塔钟、世界时钟等等，它们不仅装饰了我们的环境，又给我们的生活带来了极大方便。下面我们简要介绍一下现代时钟技术与智能建筑的结合。

课题2 时钟系统的分类及性能特点

2.1 大型区域时间控制系统

大型区域时间控制系统是集现代电子技术、计算机技术、通信技术于一体的高科技产品。适用于机场、地铁、轻轨、车站、港口、学校、医院、智能化写字楼、高档生活小区等需要提供统一精确时间服务并集中控制时间的场合。自20世纪90年代至今，该系统在国内外许多大工程中得到成功应用，其中包括国内最大的车站-北京西客站时间系统，建国以来最大的成套时钟系统出口合同-伊朗地铁及德黑兰郊区电气化铁路时间控制系统，国内最大的航空港-首都机场新航站楼时间系统，国内第一条城市轨道-上海轻轨明珠线时间系统，广州地铁二号线时间系统等。

产品性能及特点：

(1) 大型区域时间控制系统主要由GPS/CCTV标准时间信号接收器、计算机监控单元、中心母钟、二级母钟及子钟等部分组成。

(2) 母钟采用模块化结构、双重热备份，主备母钟间可实现自动转换，可负载指针式和数显式等多种类型的子钟，并可提供多路通信接口用于向其他系统提供标准时间信号。所有母钟及子钟都具有自动校时及手动校时功能。

（3）二级母钟具有独立的晶振，既可受制于中心母钟，又可以独立走时。

（4）子钟具有独立的晶振，既可受制于二级母钟又可独立走时，其中指针式子钟机芯具有自动追时功能，获国家专利。

（5）该系统组合灵活、操作简单、便于维修、可靠性高、适用范围广，是一种技术先进的计时系统。

2.2 舰船子母钟时间系统

舰船子母钟是使用于远洋船只的时间服务系统，对于大型舰船，各种职能单位众多，其时间的准确与统一是非常重要的，它关系到命令的发布与执行是否准确，以及各种航海、运输信息的发布等等，对于军用舰船、潜艇尤为重要。

产品性能及特点：

（1）系统由一只母钟和几十只至上百只子钟通过信号电缆相互连接起来。它能同时提供当地时间和 GMT（某一特定地方时间）。

（2）子钟都由母钟控制运行，除标准时 GMT 或某一特定时间外，其他子钟都保持同步，子钟因其安装使用条件不同，在结构形式上有所不同。

（3）母钟部分采用一主一备自动切换，可接收 GPS 标准时间信号，对子母钟系统进行校准，实现无累积时间误差运行。

（4）系统为保证走时不间断，电源部分采用自动交直流切换电路，交流停电后，自动切换至直流供电，交流电恢复后，自动返回至交流供电方式。

2.3 建筑塔钟、花坛钟时间系统

该系统适合作为大型建筑、广场等标志性建筑的计时用钟。现今该系统品种多样、技术先进、性能可靠，在我们的生活中随处可见，具有代表性的是微机控制塔钟系统，该系统具备了诸多优点，特别适用于建筑物顶端、广场绿地等场所作为显著标志。

产品性能及特点：

（1）准确接收卫星时标信号，实现系统无累积误差运行，报时准确，不漏报、误报，报时区间可任意设置，也可以根据客户的要求设置报时音乐或语音。

（2）系统的照明采用计算机控制，区间可任意调节，照明正确可靠。

（3）交直流供电，停电不停钟，停电后保证整个系统运行 12h 以上。在系统中还采用了先进的时间记忆模块，停电后内部时间照常工作，等电源恢复后，时钟系统继续正常工作。

（4）系统设置双套热备份控制，一套工作有故障，可迅速转至另一套工作，维修不停钟。耗电少，小于 200W/h。

（5）系统寿命长，运行可靠，平均无故障运行时间 30000h 以上。

2.4 世界时钟

世界时钟及多功能数显钟适用于宾馆、酒店、银行、车站等大型场所的大厅及休闲娱乐场所，可以为公众准确提供时间、日历、商务信息及其他公益信息，它具有造型美观别致、用料考究、信息直观等优点，深受广大用户的喜爱，如今众多机场，车站，宾馆都采用了世界时钟系统。

产品性能及特点：

(1) 世界时钟采用数显式、指针式等指示方式，能够接收标准时间信号，采用内部时间计时模块，在停电恢复后，自动显示正确时间，省去调钟的烦恼。

(2) 多功能数显钟属于单体钟不需要综合布线，只需留一只220V电源插座即可。

2.5 主从分布式子母钟系统

主从分布式子母钟系统由母钟及若干个电脑子钟（电脑大面钟、数显钟、世界时钟等）构成，母钟通过RS485总线（一路双绞线、半双工通信）定时发出标准时间信号（包括年、月、日、星期、时、分、秒），挂接在总线上的各种电脑子钟接收到时间信号后，先与自己的时间系统的时间进行对比，认为正常后，即进行自动校准，并返回正常信号，否则将返回故障信号，由母钟接收后进行判断处理。母钟带有RS232接口，可直接与IBMPC及兼容机通信，并可由PC机对系统实行监控。

电脑子钟由220V/50Hz单相交流电供电，子钟内带蓄电池及自动充电电路及交直流自动切换电路，并有电池过充过放保护电路。电池满充后，停电6h内不停钟。子钟自带时间系统，母钟及线路出现故障，子钟仍能独立运行。母钟每路总线上可直接挂接512个子钟。如需扩展，总线上的每个子钟可由一个二级母钟（可内置在子钟钟壳内）代替，每个二级母钟又可挂接512个子钟。由此，经二级扩展后，母钟的每路输出可带20余万只子钟。一级母钟每路输出总线长度最大为1200m，二级母钟输出总线距离最大1200m，如需加长距离，可加中继器。

课题3 主从分布式子母钟系统的构成

主从分布式子母钟系统由信号接收单元、中心母钟、子钟、传输通道等组成。系统构成框图如图6-1所示。

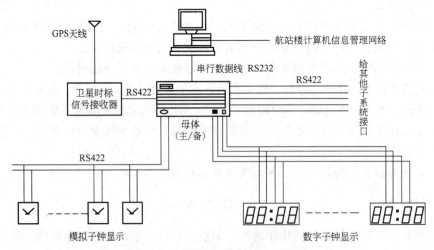

图6-1 主从分布式子母钟系统图

3.1 母　　钟

（1）由主、备两个母钟组成，两个母钟可以互相切换，主母钟出现故障立即自动切换到备母钟，备母钟全面代替主母钟工作。主母钟恢复正常，备母钟立即切换到主母钟，从而确保系统的安全不间断运行。

（2）母钟产生精确的标准同步时间码，提供给各区子钟控制器。中心母钟设有子钟驱动接口和数字显示器。

（3）母钟通过时间码输出接口，能够给各相关系统提供时间同步信号，接口标准为RS-422，有些产品也采用 RS-485 总线接口。

3.2 子　　钟

接收母钟发出的时间信号，产生标准时间信号进行时间信息显示，子钟脱离母钟时能够单独运行。其显示方式可为模拟式和数字式两种。

3.3 传 输 通 道

母钟到子钟之间的传输通道为屏蔽双绞线。接口标准为 RS-422。监控中心计算机与局域网络系统之间的传输通道为超 5 类双绞线，通过 TCP/IP 协议进行通信。

3.4 计算机信息监控中心

（1）中心级的时钟监测系统为一台高性能计算机加监控软件（包括打印机），通过数据传输通道，实时监测全线时钟系统的运行状态。发现故障立即自动拨传呼通知维管人员，并发出声光报警信息。

（2）在值班室内设本监测系统的声光告警指示器，对本系统的任何故障告警作同步传输，提供给值班室的工作人员。

（3）通过 TCP/IP 协议向局域网络系统提供标准时间信号。

课题 4　主从分布式子母钟系统中的主要设备

4.1 授 时 系 统

时钟同步也叫"对钟"。要把分布在各地的时钟对准（同步起来），最直观的方法就是搬钟，可用一个标准钟作搬钟，使各地的钟均与标准钟对准。或者使搬钟首先与系统的标准时钟对准，然后使系统中的其他时针与搬钟比对，实现系统其他时钟与系统统一标准时钟同步。

所谓系统中各时钟的同步，并不要求各时钟完全与统一标准时钟对齐。只要求知道各时钟与系统标准时钟在比对时刻的钟差以及比对后它相对标准钟的漂移修正参数即可，勿须拨钟。只有当该钟积累钟差较大时才作跳步或闰秒处理。因为要在比对时刻把两钟钟面时间对齐，一则需要有精密的相位微步调节器来调节时钟驱动源的相位，另外，各种驱动源的漂移规律也各不相同，即使在两种比对时刻时钟完全对齐，比对后也会产生误差，仍需要观测被比对时钟驱动源相对标准钟的漂移规律，故一般不这样做。在导航系统用户设备中，除授时型接收机在定位后需要调整 1PPS 信号前沿出现时刻外（它要求输出秒信号的时刻与标准时钟秒信号出现时刻一致），一般可用数学方法扣除钟差，时间同步的另一种方法是用无线电波传播时间信息。即利用无线电波来传递时间标准，然后由授时型接收机恢复时号与本地钟相应时号比对，扣除它在传播路径上的时延及各种误差因素的影响，实现钟的同步。随着对时钟同步精度要求的不断提高，用无线电波授时的方法，开始用短波授时（ms 级精度），由于短波传播路径受电离层变化的影响，天波有一次和多次天波，地波传播距离近，使授时精度仅能达到 ms 级。后来发展到用超长波即用奥米伽台授时，其授时精度约 $10\mu s$ 左右，后来又用长波即用罗兰 C 台链兼顾授时，其授时精度可达到 μs，即使罗兰 C 台链组网也难于做到全球覆盖。后来又发展到用卫星钟作搬钟。用超短波传播时号，通过用户接收共视某颗卫星，使其授时精度优于搬钟可达到 10ns 精度。看来利用卫星授时是实现全球范围时钟精密同步的好办法，只有利用卫星，才可在全球范围内用超短波传播时号；用超短波传播时号不仅传递精度高，而且可提高时钟比对精度，通过共视方法，把卫星钟当作搬运钟使用，且能使授时精度高于直接搬钟，直接搬钟难于使两地时钟去共视它。共视可以消除很多系统误差以及随时间慢变化的误差，快变化的随机误差可通过积累平滑消除。

系统利用 GPS 时间精度高、信号覆盖广等特点来实现网络时间同步。主要由 GPS 授时系统、时间源、授时服务器、授时终端四部分组成。采用分布式组网，时钟源和授时服务器互为双备份；通过网管实现系统的性能监测，确保系统的安全可靠运行。

(1) 时钟源

可提供优于 1ms 的授时精度，每台时钟源直接提供 4 台授时服务器接口。时钟源与授时服务器可采用 RS-232、RS-422 直接传输；也可通过 E1 复用、DDN 等方式实现系统的异地授时。

(2) 授时服务器

时间源的标准时间，既实现系统自身的运行状态监测，又通过局域网对网络中的所有终端授时。

(3) 授时终端

授时终端实现对交换、传输等设备及终端的授时和网络同步。

(4) 授时系统

系统利用 GPS 授时精度高和信号覆盖范围广的特点，较好解决了各地市、边远地区的时间同步和高精度授时问题，广泛应用在电信和移动通信网、电力同步网、武警和公安专网的高精度时间网络同步等领域。

(5) 系统软件

系统软件支持 WINDOWS 98/NT、UNIX、NETWARE 操作平台，主要包括状态管理、系统维护、安全和配置管理四大功能模块。可方便对告警信息、状态信息的处理，对系统故障、配置和安全的管理。

4.2 GPS 授时天线

(1) 中兴蓝鼎 GPS 授时天线如图 6-2 所示。

1) 基本特征

通用微带 GPS 天线特性

频率范围：1575.42±1.023MHz

极化：右旋

增益：26dB（典型）

驻波：≤1.8

信噪系数：2.5（典型）

阻抗：50Ω

电流：20mA（典型）（5V/DC）

连接器：BNC/Q9/L16

工作温度：—30～80℃

GPS 天线 G501/503

2）性能指标

频率范围：1575±5MHz

极化方式：右旋圆极化

天线增益：—3dB 在 10℃，3.5dB MAX

放大增益：27dB（典型）

噪声系数：1.5（典型）

天线功耗：5±0.5V/DC@12mA

天线体积：49mm×49mm×19mm

重量：115g

安装方式：磁吸磅

连接方式：BNC/Q9/SMA+5 米线

工作温度：—45～+85℃

贮存温度：—50～+90℃

湿度：100%

（2）Motorola 授时天线的主要特性和外形如图 6-3 所示。

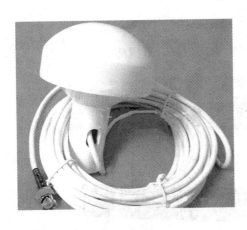

图 6-2　GPS 授时天线的外形

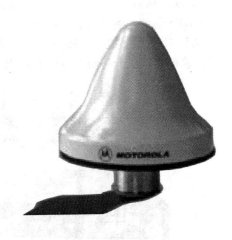

图 6-3　Motorola 授时天线的外形

25dB 有源天线

5V 操作电压

26mA 典型电流功耗

高强度直接安装

<1.5dB 的典型声噪值

在+/-50MHz 时，最小 40dB 过滤

ONCORE TIMING 2000 天线应用于基站的高等级滤波。ONCORE TIMING 2000 天线目标是 GPS 授时市场，专为 Motorola Oncore GPS 接收器或者其他生产商产品而设计。

1）高性能、无干扰

天线供电至少 5V。这种天线的设计反映了 Motorola 对高标性的追求，即使在有电磁干扰的情况下操作，GPS 信号通过天线接收，在天线内置放大通过线缆传输到 Oncore 接收器上进行数据处理。

2）适应恶劣天气

圆锥形天线屏蔽器盒子、防紫外线材料和一个可以增强抵抗风雨的管状螺母，保证在全球越来越恶劣的环境下正常工作。

4.3 母　　钟

母钟的面板和背面接线如图 6-4 所示。

（1）基本功能如下：

支持农历

双机热备份功能

支持远程操作维护

服务器校时软件支持 NTP 协议

支持电视台时码

　　国际内嵌时码电视信号输出　　　　EBU LTC 时码输出

支持数字调音台时码

　　TC89 时码输出　　　　　　　　　　TC90 时码输出

（2）GPS 母钟功能特点：

12 通道 GPS 卫星接收，锁定迅速；可设置时区；

可设置延时，用于补偿传输延时，或与 CCTV 时间对齐，范围前后 4s；

图 6-4　GPS 母钟的面板和背面接线图示意图

1U 19″标准机箱，年、月、日、星期、农历、时、分、秒显示；

国标内嵌时码电视信号输出；

输出时间信号包括公历（年、月、日、星期、时、分、秒），农历（月、日）；

内置高稳温补晶振，年漂移小于1ppm，提供极高的自守时精度；

EBU LTC 时码输出；TC89/TC90 时码输出；

输出接口 RS-232 或 RS422，可用于子钟校时、计算机网络校时，传输距离几百米至几千米（无中继）；

双向 RS485，支持对子钟的远程管理；

可以提供多种方便灵活的传输方式，包括无线及电力线等。

4.4 子 钟

子钟具有独立的晶振，既可受制于母钟又可独立走时，其中指针式子钟机芯具有自动追时功能，该系统组合灵活、操作简单、便于维修、可靠性高、适用范围广，是一种技术先进的计时系统。外形如图 6-5 所示。

主要性能指标：

供电电源　　　　交流电 220V±20%，50Hz

自身计时：　　　1×10^{-8}

标准计时精度　　±1s/年

图 6-5　指针型和数字型子钟的外形

课题 5　相关图纸

时钟系统的图纸有三种类型，时钟的系统图、配线图和安装图，下面分别介绍这三种图纸。

5.1　时钟的系统图

时钟的系统图主要表示出电源的供应情况如电压等级和消耗的功率等、母钟组成的主要部件和原理以及和其连接子钟的数量和连接方式。直流电钟的系统框图如图 6-6 所示。

5.2　塔钟配线图及时钟视距表范例图

塔钟配线平面图和视距表如图 6-7 所示。塔钟配线图是一个配线的平面图，它主要表

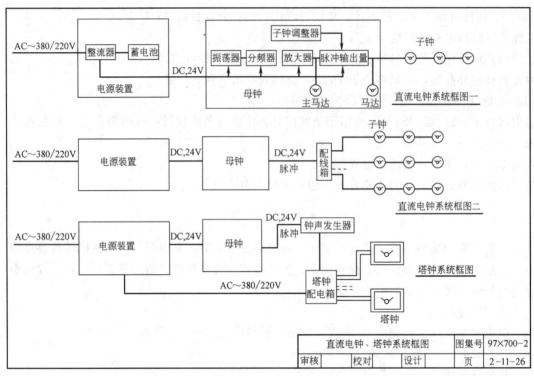

图 6-6 直流电钟的系统框图

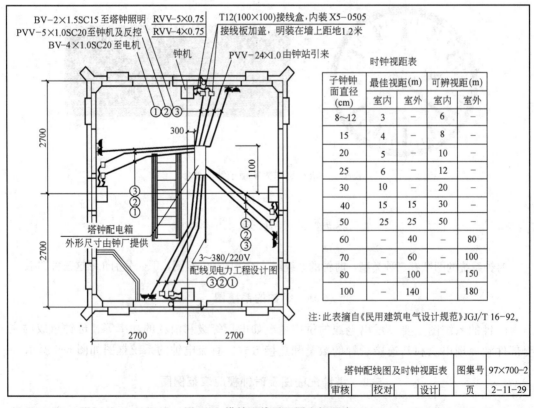

图 6-7 塔钟配线平面图和视距表

示出子钟和母钟的配线路由、电源供应的配线路由的情况以及所选择的导线型号、穿保护管类别、规格和敷设方式等。

时钟的视距表表示出时钟的直径和可视距离、最佳可视距离的关系。

5.3 钟安装示意图

主要表示钟的安装方式，图6-8～图6-10为壁挂式子钟、单面子钟侧装、顶棚子钟安装示意图。

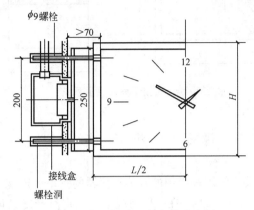

图 6-8 壁挂式子钟安装示意图

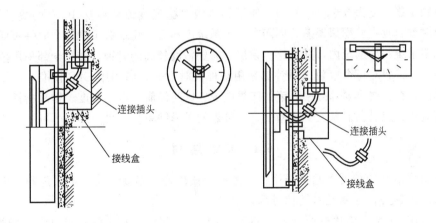

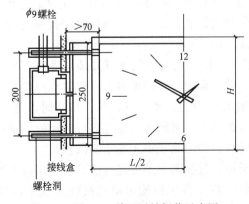

图 6-9 单面子钟侧装示意图

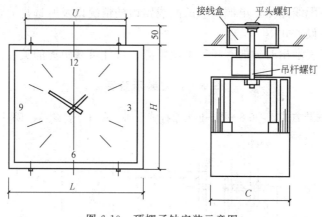

图 6-10 顶棚子钟安装示意图

课题 6 产品实例

目前石英钟已非常普及，民用钟所用的石英振荡器的频率稳定度一般优于 $\pm 100 \times 10^{-6}$，平均瞬时日差一般为 $(\pm 0.1 \sim \pm 2)$s，在一般情况下，其走时精度已可以满足需要。对于要求精度较高的场合，可使用温度补偿石英振荡器（频率稳定度为 $2 \sim 10 \times 10^{-6}$），恒温石英振荡器（频率稳定度为 $3 \sim 5 \times 10^{-9}$），原子钟（频率稳定度最高可达 10^{-14} 的数量级）等。一般单体时钟总存在着积累误差，因而在一个系统内不可避免地会出现几个时钟不同步。在一个时间要求统一的系统内，并且这个系统内需要精度较高的时钟，如果全部采用单体的高精度的时钟，并且对每个单独的时钟都采用某种校对方式，如利用 GPS 校准，显然是不经济的。因而，在一些重要部门中，诸如广播电视、铁路民航、电力调度、作战指挥、科学研究、地震监测、卫星发射系统等高精度、高可靠的子母钟系统，目前还是不可缺少的。

6.1 系统结构

母钟根据所需的精度不同可选用：一般石英振荡器，温度补偿石英振荡器，恒温石英振荡器或原子钟等作为基准时间信号源。

母钟采用 51 系列单片机控制，以实现：(1) 人机接口（LED 数码显示及触摸键盘）控制，(2) 计时，(3) 蓄电池充电检测与控制，(4) 与子钟的串行通信，(5) 与监控微机的串行通信，(6) 自动校准信号的接收控制，(7) 故障报警控制等功能。

如图 6-11 所示，母钟通过 RS485 串行总线与子钟实现半双工通信，总线最大长度为 1200m，每加一级中继可延长 1200m。每路总线上可直接挂接 127 个子钟，如用二级母钟代替子钟，即向下再加一层子钟，那么，一级母钟的一路输出可组成总数最大为 16129 个子钟的子母钟系统。母钟发出的信号为：年、月、日、周、时、分、秒编码及秒时刻脉冲，对于子母钟同步要求很高的场合，秒脉冲是通过让母钟经硬件编码后绕过单片机直接送到总线上的，由此可保证子母钟的时刻差小于等于 5 微秒。

母钟还通过总线查询各子钟，被查询的子钟将自己的各种运行参数（正常、超步、丢步、故障等信息）回馈给母钟。以下各子钟均可以挂接在总线上：(1) 双指针示时钟，(2) 三指针示时钟，(3) 数字钟，(4) 指针、数字混合显示钟，(5) 世界时钟，(6) 塔钟

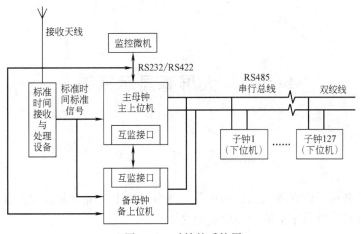

图 6-11 时钟的系统图

及其控制器,(7)时间控制器等。

子钟内含单片机及自己独立的时间系统,根据需要可选用不同的振荡源作为自己的基准时间信号源。并利用在总线上接收到母钟发出的秒时刻脉冲,进行校准。当母钟或通信电缆出现故障时,子钟仍能进行工作。在一定的时间内,子钟独立工作时所输出的时刻精度,可以满足使用要求。

以上母钟与子钟构成了基本的子母钟系统。

6.2 系统监控

标准时间接收与处理设备,可视具体情况选用长波授时台接收处理机、GPS 处理机、电视标准时间信号接收处理机。三者与协调世界时的时刻对比精度分别为优于 1 微秒,可达到 1 微秒和 5 微秒。

监控微机的主要作用是利用友好的人机界面接口,对整个系统全面实施监控。凡在母钟上的一切操作都可以通过监控微机实现。并且若采用 RS422 串口,监控微机可在远离母钟 1200m 之遥的距离实施监控,便于集中管理。

小 结

随着现代人们生活节奏的加快以及科学技术的进步,人们对时间的概念又有了更深一步的认识,对时间的要求进一步提高,人们要求生活中的时钟能够达到走时精确、免维修、自动校准且统一定时,因此时钟系统已经成为我们生活中密切相关的一个智能化子系统。本单元简要介绍了时钟系统的分类,并以主从式子母钟为例介绍了时钟系统的构成和工作原理以及主要设备。

思考题与习题

6-1 简述现代时钟都有哪些种类?各种类的应用和特点。

6-2 简述主从式子母钟的系统构成。

6-3 对照图 6-7 查找相关资料,解释图中导线的型号所代表的含义,确定导线穿管敷设的方式。将图 6-7 中没有完善的内容补充完整,将该图完善到施工图的深度。

单元 7　大屏幕显示系统

课题 1　概　述

目前，电子显示无论在形式、性能还是在发展速度上，都今非昔比，各类电子显示器在各显优势的同时，也处于空前激烈的竞争之中。

1.1　各种显示技术

目前平板显示技术分为主动发光显示器和被动发光显示器。前者指显示媒质本身发光而提供可见辐射的显示器件，包括等离子显示器、真空荧光显示器、场发射显示器、电子发光显示器、发光二极管显示器（LED）和有机发光二极管显示器（OLED）等。后者指本身不发光，而是利用显示媒质被电信号调制后，其光学特性发生变化，对环境光和外加电源发出的光进行调制，在显示屏或银幕上进行显示的器件，包括液晶显示器、电化学显示器、电泳成像显示器、悬浮颗粒显示器、旋转球显示器、微机电系统显示器和电子油墨显示器等。

CRT 现泛指各种彩管，包括彩色显像管（CPT）、彩色显示管（CDT）和 CRT 背投管（PRT）。

目前比较成熟的显示技术有 LCD、PDP、LED 和 CRT 显示器。下面将四种显示原理及特点做一个简单介绍和比较。

1.1.1　液晶显示器（LCD）

LCD 是通过涂布有透明电极的两块基板间所夹液晶厚度 $1\sim10\mu m$ 的液晶盒内分子排列去施加电压后产生双折射率、旋光性、二色性、光散射性等光学性质的变化，而产生显

图 7-1　液晶显示器（LCD）

示作用的非主动发光型显示器。目前主要应用在笔记本电脑、监视器、可移动设备、手机、电视机、投影机等产品开发市场。如图7-1所示。

1.1.2 等离子显示器（PDP）

PDP是利用惰性气体放电所产生的紫外线激发荧光体而产生的发光现象，其基本器件构成是由分别设有行电极和列电极的2块玻璃基板构成放电空间（约0.1mm）封入以Ne为主的混合惰性气体（10.4Pa），利用行、列矩阵电极交点发光。

继LCD之后，由于PDP容易实现大画面显示（对角线100cm即39英寸以上）、视角大、响应快、具有存储特性、色彩丰富（与CRT相当）、全数字化工作、薄型平板化、受磁场影响小、无需磁屏蔽等优点，覆盖了30～70英寸的高分辨率显示领域。PDP用于壁挂式高清晰度电视（HDTV）而进入千家万户。如图7-2所示。

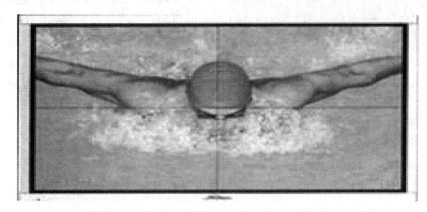

图7-2 等离子显示器（PDP）

1.1.3 发光二极管显示器（LED）

发光二极管显示器为半导体型电子显示器，它通过PN结光电变换进行显示，这种复合发出的颜色取决于半导体晶体的带隙。其典型颜色代表为红色、绿色、黄色、蓝色。

发光二极管（LED）显示屏作为现代信息显示的重要媒体，在金融证券、体育、机场、交通、商业广告宣传、邮电通信、指挥调度、国际军事等许多领域得到了广泛应用。随着LED的发展，一旦蓝色、绿色LED达到足够亮度，全色LED显示器将投入使用，届时便于户外大型幕墙应用的高辉度全彩色LED显示器将会耀眼夺目。如图7-3所示。

图7-3 发光二极管显示器（LED）

图 7-4 彩色显像/显示管（CRT）

1.1.4 彩色显像/显示管（CRT）

CRT 是利用高能电子束激励荧光体发光的电子显示器件。由热阴极等构成的电子枪发出的电子束，在偏转磁芯作用下上下扫描并在 15～20kHz 的高频下加速与显示板玻璃面上涂布的荧光体碰撞轰击其发光，在色彩上将红、绿、蓝 3 色发光荧光体分别在显示板玻璃面上涂布成点状，再由 3 束电子束分别轰击各自色点，在屏幕上组成彩色图像。CRT 至今已有 100 多年的历史，其生产技术成熟、驱动方式简单，目前仍以极好的性能价格比居各类显示器之首位。CRT 生产技术成熟，驱动方法简单，性价比高。目前 CRT 已进入产品成熟期的后期。如图 7-4 所示。

1.2 各种显示技术的特点和优劣

各种显示技术应从工作电压和消耗电流、显示对比度和辉度、响应时间、辉度和亮度、显示色、存储功能以及工作寿命等方面比较。

LCD 非常轻薄，低电压、低电耗，功率仅数十毫瓦，但响应时间长（人的视觉可分辨的响应时间约为 50ms，不然有拖尾、重影现象产生）、对比度低、亮度低。PDP 视角大、响应快、色彩丰富、有存储特性，但消耗电流大，功率达到 400W。LED 高辉度，在户外日光下显示仍绚丽夺目。CRT 从显示容量、解像度、辉度、全色显示等各方面比较都具有优于其他任何显示器的综合性能。从图像分辨率比较，LED 最差，接下来依次为 PDP 和 LCD，CRT 最高。工作寿命也是这个顺序。

本单元重点介绍 LED 大屏幕显示屏。

课题 2　LED 简介

1923 年，罗孙（Lossen O. W.）在研究半导体 SIC 时发现有杂质的 P-N 结中有光发射，研究出了发光二极管（LED：Light Emitting Diode），一直不受重视。随着电子工业的快速发展，在 60 年代，显示技术得到迅速发展，人们研究出 PDP 激光显示等离子显示板、LCD 液晶显示器、发光二极管 LED（如图 7-5 所示）、电致变色显示、电泳显示等多种技术。显示器的工作原理是接收主机发出的信号还原成光的形式显示出来，随着发展，人们需要一种大屏幕的设备，于是有了投影仪，但是其亮度无法在

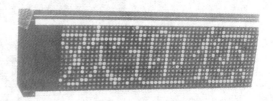

图 7-5 发光二极管

自然光下使用,于是出现了 LED 显示器屏,它具有视角大、亮度高、色彩艳丽的特点。

2.1 LED 显示屏特点

LED 的发光颜色和发光效率与制作 LED 的材料和工艺有关,目前广泛使用的有红、绿、蓝三种。由于 LED 工作电压低(仅 1.5~3V),能主动发光且有一定亮度,亮度又能用电压(或电流)调节,本身又耐冲击、抗振动、寿命长(10 万小时),所以在大型的显示设备中,目前尚无其他的显示方式可与 LED 显示方式匹敌。把红色和绿色的 LED 放在一起作为一个像素制作的显示屏叫双基色屏或伪彩色屏;把红、绿、蓝三种 LED 管放在一起作为一个像素的显示屏叫三基色屏或全彩屏。制作室内 LED 屏的像素尺寸一般是 2~10mm,常常采用把几种能产生不同基色的 LED 管芯封装成一体,如图 7-6 所示,室外 LED 屏的像素尺寸多为 12~26mm,每个像素由若干个各种单色 LED 组成,常见的成品称像素筒或像素模块。LED 显示屏如果想要显示图像,则需要构成像素的每个 LED 的发光亮度都必须能调节,其调节的精细程度就是显示屏的灰度等级。灰度等级越高,显示的图像就越细腻,色彩也越丰富,相应的显示控制系统也越复杂。在当前的技术水平下,256 级灰度的图像,颜色过渡已十分柔和,图像还原效果比较令人满意。

2.2 LED 显示屏的分类

(1) 按使用环境分为室内、室外和半室外

室内屏面积一般在十几平米以下,点密度较高,在非阳光直射或灯光照明环境中使用,观看距离在几米以外,屏体不具备密封防水能力。室外屏面积一般从几平米到几十甚至上百平米,点密度较稀(多为 1000~4000 点每平方米),发光亮度在 3000~6000cd/m^2(朝向不同,亮度要求不同),可在阳光直射条件下使用,观看距离在几十米以外,屏体具有良好的防风抗雨及防雷能力。半室外屏介于室外及室内两者之间,具有较高的发光亮度,可在非阳光直射下室外使用,屏体有一定的密封,一般在屋檐下或橱窗内。

(2) 按颜色分为单色、双基色和三基色

单色是指显示屏只有一种颜色的发光材料,多为单红色,在某些特殊场合也可用黄绿色(例如殡仪馆)。

双基色屏一般由红色和黄绿色发光材料构成。如图 7-7 所示。三基色屏分为全彩色(full color):由红色,黄绿色,蓝色构成,真彩色(nature color):由红色,纯绿色,蓝色构成。如图 7-6 所示。

图 7-6 三基色屏   图 7-7 双基色屏

(3) 按控制或使用方式分同步和异步通信

同步方式是指LED显示屏的工作方式基本等同于电脑的监视器，它以至少30场/秒的更新速率点对应地实时映射电脑监视器上的图像，通常具有多级灰度的颜色显示能力，可达到多媒体的宣传广告效果。

异步通信方式是指LED屏具有存储及自动播放的能力，在PC机上编辑好的文字及无灰度图片通过串口或其他网络接口传入LED屏，然后由LED屏脱机自动播放，一般没有多灰度显示能力，主要用于显示文字信息，可以多屏联网。

(4) 按像素密度或像素直径划分

由于室内屏采用的LED点阵模块规格比较统一所以通常按照模块的像素直径划分主要有：

$\phi 3.0mm$：62500像素/m^2

$\phi 3.75mm$：44000像素/m^2

$\phi 5.0mm$：17200像素/m^2

室外屏的像素直径及像素间距目前没有十分统一的标准，按每平米像素数量大约有1024点，1600点，2048点，2500点，4096点等多种规格。常用LED显示屏分类如表7-1所示

LED显示屏分类表　　　　　　　　　　　表7-1

分类条件	使用环境		显示颜色			显示性质				图像灰度级				
类别	室内屏	室外屏	单基色显示屏（含伪彩屏）	双基色显示屏	全彩色显示屏（三基色）	图文显示屏	计算机视频显示屏	电视视频显示屏	行情显示屏	16	32	64	128	256

注：1. 伪彩色显示屏指LED显示屏的不同区域安装不同颜色的单基色LED器件构成的LED显示屏。
　　2. 行情显示屏一般包括证券、利率、期货等用途的LED显示屏。
　　3. 图像有灰度级别，显示字码（数字、英文字母、汉字及特殊符号）、图形、表格曲线对灰度没有要求。

2.3　LED显示屏应用

目前，LED显示屏的应用涉及社会经济的许多领域，LED显示屏的应用已经十分广泛，在体育场馆，大屏幕显示系统可以显示比赛实况及比赛比分、时间、精彩回放等；在交通运输业，可以显示道路运行情况；在金融行业，可以实时显示金融信息，如股票、汇率、利率等；在商业邮电系统，可以向广大顾客显示通知、消息、广告等等。据调查显示，人们接受的信息有2/3的信息是通过眼睛取得的。显示技术还应用于工业生产、军事、医疗单位、公安系统乃至宇航事业等国民经济、社会生活和军事领域中，并起着重要作用，显示技术已经成为现代人类社会生活的一项不可或缺的技术。

(1) 证券交易、金融信息显示。这一领域的LED显示屏占到了国内LED显示屏需求量的50%以上，目前仍有较大的需求。

(2) 机场航班动态信息显示。民航机场建设对航讯显示的要求非常明确，LED显示屏是航班信息显示系统FIDS（Flight information display system）的首选产品。

(3) 港口、车站旅客引导信息显示。以LED显示为主体的信息系统和广播系统、列车到发显示系统、票务信息系统等共同构成客运枢纽的自动化系统，成为国内火车站和港口技术发展和改造的重要内容。

(4) 体育场馆信息显示。LED显示屏作为比赛信息显示和比赛实况播放的主要手段

已取代了传统的灯光及 CRT 显示屏，在现代化体育场馆中成为必备的比赛设施。

（5）道路交通信息显示。智能交通系统（ITS）的兴起，在城市交通、高速公路等领域，LED 显示屏作为可变情报板、限速标志等，得到普遍采用。

（6）调度指挥中心信息显示。电力调度、车辆动态跟踪、车辆调度管理等，也在逐步采用高密度的 LED 显示屏。

（7）邮政、电信、商场购物中心等服务领域的业务宣传及信息显示。

（8）广告媒体新产品。除单一大型户内、户外显示屏作为广告媒体外，集群 LED 显示屏广告系统、列车 LED 显示屏广告发布系统等也已得到采用并正在推广。

（9）演出和集会。大型显示屏越来越普遍的用于公共和政治目的的视频直播，如在我国建国 50 周年大庆、世界各地的新千年庆典等重大节日中，大型显示屏在播放实况和广告信息发布方面发挥了卓越的作用。

（10）展览会，LED 显示大屏幕作为展览组织者提供的重要服务内容之一，向参展商提供有偿服务，国外还有一些较大的 LED 大屏幕的专业性租赁公司，也有一些规模较大的制造商提供租赁服务。

课题 3　LED 大屏幕的基本构成和工作过程

3.1　LED 大屏幕的基本构成

通常 LED 大屏幕显示系统主要由计算机部分、传输部分、LED 显示屏部分和供电部分组成。计算机部分包括：PC 机、软件和通信卡（DVI 显示卡和同步控制卡）。传输部分包括：五类双绞线或光纤等。显示屏包括显示控制板、显示驱动板（扫描板）、显示板和开关电源。组成框图如图 7-8 所示。

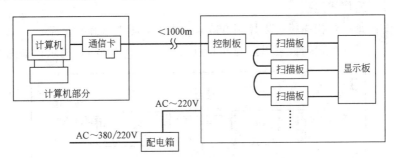

图 7-8　单色、三色 LED 显示系统结构组成框图

LED 显示屏可以多屏联网，一台计算机控制多台 LED 显示屏。联网工作示意图如图 7-9 所示。

3.2　工 作 过 程

图像、图片、文字经过计算机编辑处理传送到通信卡，通信卡将信息编码、组帧并经过通信电缆传送至显示屏，显示屏的控制板接收到信号经过解码处理，将解码信号传给扫描板，由扫描板驱动显示模块。功能框图如图 7-10 所示。

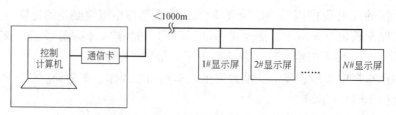

图 7-9 单色、三色 LED 显示系统联网工作示意图

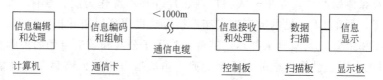

图 7-10 单色、三色 LED 显示系统功能框图

3.3 线 缆 连 接

(1) 电源线连接

单色、三色显示屏电源为串接方式。连线应最短连接以减少线路损耗，具体连接形式如下：

$\phi 5$ 单色：每三块显示板共用一个 5V/20A 电源，不足三块也需要一个电源。

$\phi 5$ 双色：每二块显示板共用一个 5V/20A 电源，不足二块也需要一个电源。

$\phi 3$ 单色：每四块显示板共用一个 5V/20A 电源，不足四块也需要一个电源。

$\phi 3$ 双色：每二块显示板共用一个 5V/20A 电源，不足二块也需要一个电源。

一般情况下，控制板与扫描板共用一个 5V/20A 电源，当扫描板超过二块时，超过部分单独使用电源。

(2) 信号、通信线连接

单色系统：每一个扫描板可以控制 960 点（长）×64 点（高）显示；

三色系统：每一个扫描板可以控制 960 点（长）×32 点（高）显示；如图 7-11 所示。

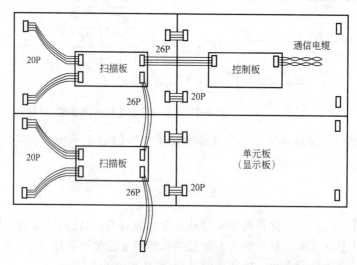

图 7-11 通信线、信号线连接方式示意图

(3) 通信线为 AT&T 带屏蔽的高速四芯电缆，电缆两端为 DB9 通信头或 RJ45 通信头，通信电缆两端配接 100Ω 左右匹配电阻。如图 7-12 所示。

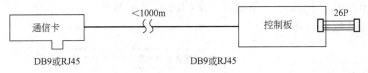

图 7-12　通信线连接示意图

3.4　视频显示系统功能

(1) 直接播放电视节目、录像、影碟及其他视频信号。
(2) 电脑图文的多种形式显示。
(3) 播出节目的预编排及各种显示方式的自动切换。
(4) 电脑三维动画显示。
(5) 视频信号的动态压缩实时回放。
(6) 视觉效果的自动修正和亮度的自动调整。

系统功能如图 7-14、系统组成结构如图 7-13 所示。

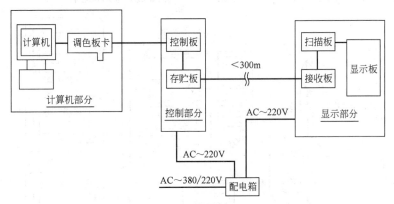

图 7-13　计算机视频显示系统结构组成框图

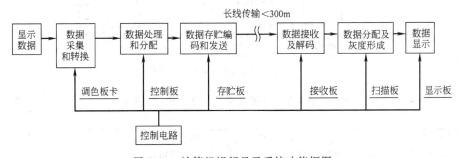

图 7-14　计算机视频显示系统功能框图

3.5　户外 LED 群显系统

(1) 系统组成及显示功能
该系统是由一个集中控制发射中心和分布于城镇繁华地段、交通要道等处的多种型号、规格的 LED 显示屏组成，其主要功能可播放国内外新闻、政策信息、天气预报、寻人启示、股市行情、影视动态、体坛新闻、公益宣传等各种社会信息和商业广告，并能迅速覆盖整个城市空间，形成一个多形式、多功能的显示网络。

（2）系统组成框图（图 7-15）

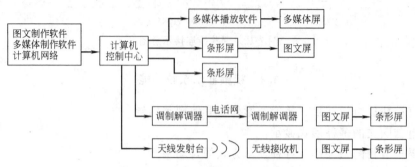

图 7-15　户外 LED 群显系统组成框图

3.6　证券、行情 LED 显示系统

结构图为图 7-16 所示，显示系统功能和技术指标设计内容见表 7-2。

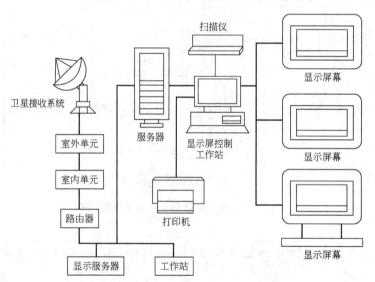

图 7-16　证券、行情 LED 显示系统结构图

证券、行情显示系统功能和技术指标设计内容　　　　表 7-2

显　示　功　能	技　术　指　标
○单色、三色 LED 点阵显示股票名称和其他汉字信息	○点阵规格：$\phi 3mm$、$\phi 5mm$
○单色、三色数码管显示证券行情和其他数字信息	○数码管规格：1.7″、1.8″、2.3″
○微机控制，一机多屏	○LED 点阵显示，单元 4 个汉字
○整屏换页显示或上滚显示	○数码管显示：5 位、6 位、7 位、8 位数字
○热股固定显示	○传输速率：57.6 kbps
○以颜色变化区分上涨和下跌	○功耗：$400W/m^2$
○坏行锁定不显示数据	○最大显示范围：90 位×31 行
○专用 RS-422 接口	○通信距离：不小于 1000m

课题 4 显示屏安装及线缆敷设

4.1 安装方式

目前 LED 显示屏安装中最常用的七种安装方式，对于室内显示屏一般采用（a）、(b)、(c)、(d) 四种安装方式，户外显示屏七种方式均可采用。如图 7-17 所示。

(1) 室内显示屏安装

安装基座一般用钢筋混凝土建成，外附装饰材料。悬挂式安装一般显示屏面积较小，且重量不大于 100kg。各式安装支架均要考虑美观和装饰处理。

(2) 室外显示屏安装

同样室外安装基座一般用钢筋混凝土建成，外附装饰材料。显示屏的框架、立柱、支撑等根据屏体大小及气候条件，由结构专业设计决定。

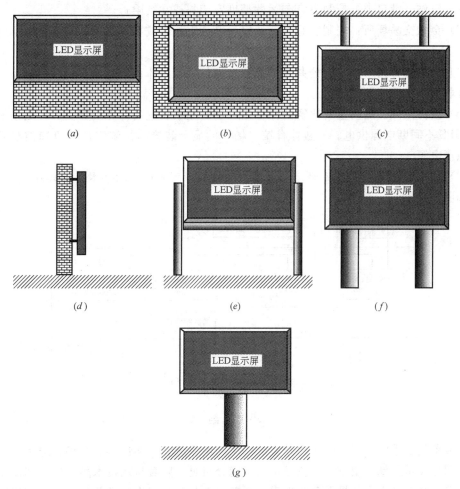

图 7-17 几种 LED 显示屏的安装方法
(a) 落地基座安装；(b) 镶墙式安装；(c) 悬挂式安装；(d) 贴墙式安装；
(e) 支架式安装；(f) 双立柱式安装；(g) 单立柱式安装

4.2 线缆敷设

由机房到每块屏应敷设两根金属管暗敷设在楼板内或吊顶内或墙内。其中一根穿电源线,管径按容量预留;另一根管穿信号线,管径也按容量预留。电源线应采用 RVV 软护套电源线;信号线应根据实际情况采用超五类双绞线或光纤等。机房内应设工作接地端子,接地引出线应采用绝缘铜线,并将其引至室外接地极。

课题 5 控制室内设备布置以及控制室的位置的设置

(1) 体育馆(场)类的控制室宜设在显示装置下面或附近,控制室与显示屏的供电室都在一个平面,体育馆的控制室应位于裁判席附近并能观察到显示屏的显示内容,显示屏的供电设备在显示屏室内。体育馆(场)类的控制室离显示屏距离最好在 200m 内,最远不宜超过 400m。

(2) 车站、港口类:控制室宜与运营调度室相邻或在其附近。

(3) 金融交易场所:控制室宜与营业室、办公室相邻或在其附近,也可与电脑室共用房间。

(4) 大型体育馆(场)的公共显示装置。应使其加入体育信息计算机网络体系,如暂不具备联网条件,应预留接口。

(5) 接待国际、国内重要比赛的体育馆(场)显示装置的计算机存储、控制系统必须采用 UPS 不间断电源供电。一般体育馆(场)的显示装置的控制室计算机和控制系统应配备稳压电源。

(6) LED 显示系统控制室环境条件要求应按照计算机机房的基本要求装修布置。

如图 7-18 所示。

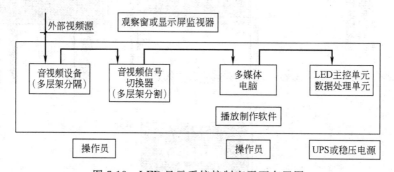

图 7-18 LED 显示系统控制室平面布置图

小 结

大屏幕显示系统是近年来使用较多的一个弱电系统,它在许多场合得到应用。从普通的条形双色显示屏到大型室外多色显示装置随处可见。随着显示技术的发展和其他技术的不断完善,会有更先进的显示系统出现。本单元仅仅是为了讲述设备的安装而介绍了目前使用较多的几种显示装置,它不代表整个的显示领域。从安装的角度来说,显示系统和一般的系统没有本质的区别,安装的方法和措施也完全一样。

思考题与习题

7-1　LED 大屏幕显示装置中的显示技术和其他显示技术比较有何特点？

7-2　LED 大屏幕显示系统的基本构成。

7-3　LED 大屏幕显示系统的通信线路和信号线路都采用哪种型号的线缆？

单元 8 呼叫信号系统

课题 1 呼叫信号系统基本构成和工作过程

1.1 呼叫信号系统的分类

呼叫信号,仅指以寻人为目的的声光提示装置。呼叫信号设计,应在满足使用功能的前提下,使系统技术先进、经济合理、安全可靠和便于管理、维修。

呼叫信号系统按照使用功能可以分为:医院呼叫信号系统、旅馆呼叫信号系统、住宅呼叫信号系统、无线呼叫信号系统、其他呼叫信号系统等几大类。

1.1.1 医院呼叫信号系统

可根据医院的规模、标准及医护水平要求,在医院内设护理呼叫信号系统。护理呼叫信号系统,应按护理区及医护责任体系,划分成若干个护理呼叫信号管理单元。各管理单元的信号主控装置应设在医护值班室。

护理呼叫信号应具备下列功能:随时接受患者呼叫,准确显示呼叫患者床位号或房间号;患者呼叫时,医护值班室应有明显的声、光提示,病房门口要有光提示;允许多路同时呼叫,对呼叫者逐一记忆、显示;特护患者应有优先呼叫权;医护人员未作临床处置的患者呼叫,其提示信号应持续保留。

医院门诊区内较大的候诊室等场所宜设候诊呼叫信号。呼叫方式的选取,应保证有效提示和医疗环境的肃静。大型医院、中心医院宜设医护人员寻呼应信号。寻叫呼应信号应按下列要求设计:简单明了地显示被寻者代号及寻叫者地址;寻叫显示装置应设在门诊区、病房区、后勤区等场所的易见处;寻叫呼应信号的控制台宜设在电话站内,由值机人员统一管理。

1.1.2 旅馆呼叫信号系统

一～四级旅馆及服务要求较高的招待所宜设呼叫信号。呼叫信号应按服务区设置,总服务台应能随时掌握各服务区呼叫及呼叫处理情况;随时接受住客呼叫,准确显示呼叫者房号并给出声、光提示。呼叫信号的系统组成及功能,包括下列基本内容:允许多路同时呼叫,对呼叫者逐一记忆、显示;服务员处理住客呼叫时,提示信号方能解除;睡眠唤醒。可根据具体要求扩展或部分选取上列功能。

1.1.3 住宅(公寓)呼叫信号系统

高层住宅及公寓,根据保安、客访情况,宜设住宅(公寓)呼叫信号系统。住宅(公寓)对讲系统的基本组成可包括:主机、分配器及用户分机。系统应符合下列要求:对讲清晰;拨叫准确、操作简便;主机控制盘对使用者拨发出的地址、被访者的态度("允许"、"拒绝")应有明确显示;主机控制盘应设在住宅(公寓)入口门外或门卫值班室附近。住宅（公寓）对讲系统根据保安要求，可扩展下列功能：公寓大门电锁（由住户和门卫控制开启）；摄像监视；环境声监听。

1.1.4 无线呼叫信号系统

大型医院、宾馆、展览馆、体育馆（场）、演出中心、民用航空港等公共建筑，可根据指挥、调度及服务需要，设置无线呼叫系统。无线呼叫系统，按呼叫程式可采取无线播叫和无线对讲两种方式。无线呼叫系统的发射功率、通信频率及呼叫覆盖区域等设计指标，应向当地无线通信管理机构申报，经审批后方可实施设计。

1.1.5 其他呼叫信号系统

营业量较大的电话、邮政营业厅、银行取款处、仓库提货处、监狱监仓等场所，宜设呼叫信号。其呼叫信号的系统组成及功能，应视具体业务要求确定。

1.2 医院呼叫信号系统的组成

呼叫信号系统基本工作原理大体相同，下面以比较先进的多媒体医院护理呼叫信号系统为例讲述其基本组成及工作过程。整个系统由多媒体主机、呼叫分机、走廊显示屏、门灯等组成（图 8-1、图 8-2）。

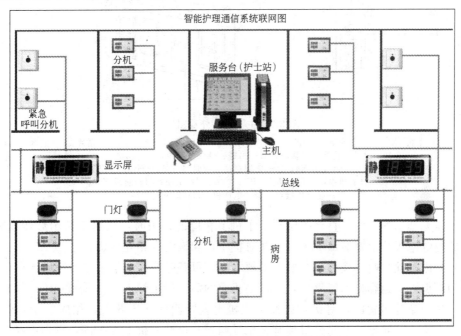

图 8-1 智能多媒体护理通信呼叫系统联网图

1.3 医院呼叫信号系统工作过程

（1）病床呼叫护士站及对讲：当任何一个病床呼叫护士站时，该病房外的门灯闪亮，走廊显示屏显示所呼叫的病床号，主机上相应的病床指示灯闪亮红色，同时主机伴有音乐呼叫声。直至护士按下主机上相应病床开关，音乐声停止，该指示灯转成绿色，病房外的门灯熄灭，走廊显示屏复位，此时护士可和病人相互对讲。此时若再有其他病床呼叫护士站，该病房外的门灯闪亮，走廊显示屏显示所呼叫的病床号，主机上相应的病床指示灯闪

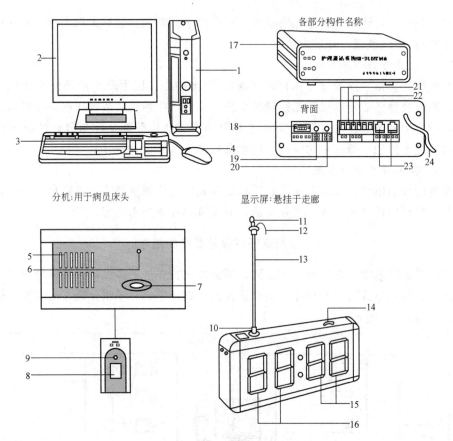

图 8-2 主要设备外观图

1—计算机主机；2—主机显示器；3—键盘；4—鼠标；5—喇叭窗；6—指示灯；7—清除键；8—呼叫键；9—话筒；10—吊杆（装饰管）接头；11—吊链；12—电源线；13—吊杆；14—吊链挂钩；15—呼叫床号（或时间）；16—呼叫顺序（或时间）；17—HB-916 控制盒；18—计算机串口；19—声卡 SPK；20—声卡 LINE；21—总线接口；22—显示屏接口；23—电话机接口；24—电源线

亮红色，但无音乐呼叫声，直至护士按下主机上相应的开关时，该病床指示灯转成绿色，病房外的门灯熄灭，走廊显示屏复位，此时护士可和该病人相互对讲。

（2）病床解除呼叫：按一下分机上的解除键，可解除病床对护士站的呼叫。即：该病房外的门灯熄灭，走廊显示屏复位，主机上相应的病床指示灯熄灭，呼叫音乐声停止。

（3）护士站呼叫病床及对讲：先按下主机上要呼叫的病床开关，相应的指示灯亮绿色，再按主机上呼叫键，此时分机伴有音乐呼叫声；松开主机上呼叫键，音乐声停止，此时主机可和分机相互对讲。

（4）护士站同时呼叫多路病床及对讲（即：组呼、群呼功能）：先按下主机上所有要呼叫的病床开关，相应的指示灯都亮绿色，再按主机上呼叫键，此时所有被呼叫的分机伴有音乐呼叫声；松开主机上呼叫键，音乐声停止。此时主机可和所有被呼叫的分机相互对讲。

（5）监听及循环监听

监听：在主机面板上选定（按下）所要监听的路选开关，方可对分机进行监听。不监听时只需弹起该路选开关。

循环监听：主机待机时，按下第 10 路路选开关，直到听到"嘟"声后，即可进行循环监听（每路 5 秒钟）。如需解除循环监听，只需按下主机上任何一路的路选开关即可。

（6）广播功能：在主机后 MUSIC 输入口输入音频信号：全部广播、部分广播。如需听广播，再按一下那些路的路选分机开关即可。此时若有分机呼入，该路显示灯闪亮红色，并有提示音乐声，如需和该路通话，弹起呼叫键，选中此路即可对讲。

课题 2　呼叫信号系统的线路敷设

医院、旅馆的呼叫信号装置，应使用 50V 以下安全工作电压。系统连接电缆宜穿钢管保护，一般不宜采用明敷方式。系统采用总线制信号传输方式，这种方式线缆在接呼叫按钮及接主机时都比较方便。从主机到所有分机、显示屏均采用二芯线（RVS2×0.4mm^2 铜芯聚氯乙烯绝缘线）连接，不论正负。分机全部并联在总线上，从主机到分机的线路长度越短，则使用效果越佳。所有连接点要求焊接，并保证焊接良好。其优点是性能可靠稳定，不容易出现信号干扰情况。

课题 3　呼叫信号系统的设备安装

3.1　主机安装

取出控制盒，放置于计算机主机旁，如图把线接好（按控制盒后面板的接线说明）。插上控制盒电源，启动计算机。

连接主机的各部件见图 8-3。

（1）连接鼠标、键盘、液晶显示器的数据线到主机对应接口上；

（2）连接主机电源线、液晶显示器的电源线到接线板上；

（3）连总线。

将布好的总线及显示屏线连接到主机对应插孔。接线时，垂直压下圆形插孔上方的按钮，插入相应的线头，松开按钮，完成接线（见图 8-4）。

3.2　软件安装

将安装盘放入驱动器中，打开光盘找到并运行 Setup.exe 文件，进入软件安装向导。根据向导的提示按"下一步"和"确定"完成软件的安装。

安装完毕以后，再安装 SQL Server2000 软件。安装完毕打开企业管理器，在其中新

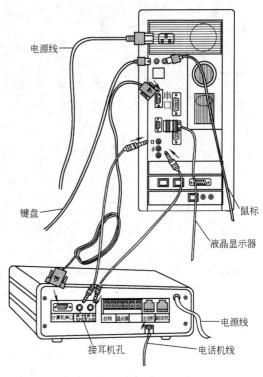

图 8-3　主机连接安装

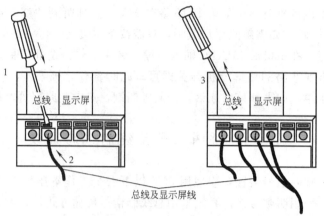

图 8-4 总线连接安装

建一个数据库 yhhl_db。停止 MSSQL server 服务管理器后将光盘中的两个数据库文件复制到 SqlServer2000 的安装目录 \ data 目录下，覆盖原有文件。完毕后启动 MSSQLServer2000 服务管理器。系统的主界面如图 8-5 所示，由病员一览表、功能区和状态栏组成。主界面上显示所有床位的"病历卡"，主要有病员的床号、姓名、性别等信息。在病历卡区域上边显示系统每一次操作的状况，及显示屏显示的床位号、时间等。

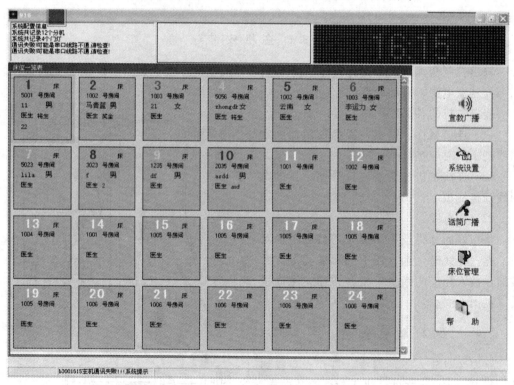

图 8-5 系统主机多媒体显示界面

3.3 分机安装

供氧铝带定位开孔：在供氧铝带前表面确定位置后开一个规定尺寸的横向方孔，在方孔左右两侧开两个固定孔。

接线：从供氧铝带的方孔内拉出总线，穿过分机地下的线孔引入分机内，如图 8-6 所示，将两股线（不分正负）分别塞进卡槽中；将压线卡压在压线槽内的总线上，用螺钉压紧；将分机开关线插头上的线卡卡在分机底座上，压紧；把四芯插头插在线路板上的白色插座内，压紧。用螺钉把分机底壳固定在供氧铝带上；最后把外壳扣在底壳上。

为了方便患者的使用，安装高度为距地 1.3m，在实际安装过程中一般安装在供氧带上。见图 8-7。

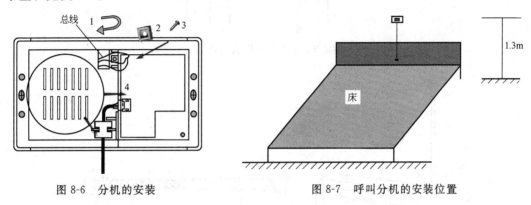

图 8-6　分机的安装　　　　　　　　图 8-7　呼叫分机的安装位置

3.4　显示屏安装

（1）按实际情况在走廊吊顶上确定显示屏安装位置。

一般采用吊链吊挂方式，如图 8-8 所示。

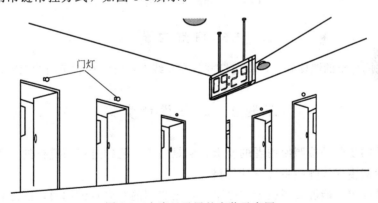

图 8-8　走廊显示屏的安装示意图

（2）组装吊链、装饰管及管接头

将两个装饰管接头分别套在吊杆的两头，将吊链和显示屏电线垂直放入吊杆内，打开吊链两头的环儿，分别扣在显示屏和走廊吊顶上已装好的吊链扣上，如图 8-9 所示。

（3）挂起固定

把已安装好吊链、装饰管及装饰管接头的显示屏挂起，调整装饰管及装饰管接头，使装饰管及装饰管接头处于图中所示位置，注意装饰管下面的接头要使槽口对着电线的一侧。最后连接显示屏总线到主机显示屏接线口，如图 8-10 所示。

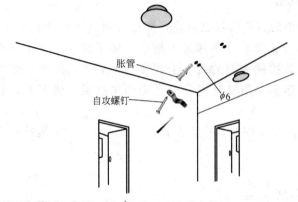

图 8-9 走廊显示屏的安装图

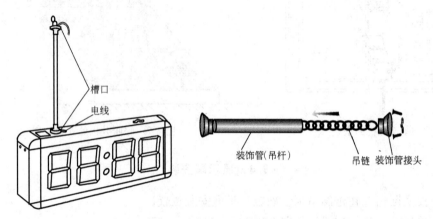

图 8-10 走廊显示屏的固定

3.5 门 灯 安 装

安装方法同分机的墙体安装,将门灯并联在总线上,安装在病房门的上方适宜的位置。

课题 4 工程设计步骤

工程设计的步骤是按照使用者的要求,满足施工工艺的过程而进行的,下面以医院为例介绍病房智能多媒体呼叫系统设计思路。

(1) 设计要求:能够实现患者与医生、护士之间的双向对讲沟通,满足普通医院的护理级别。

(2) 系统具备的使用功能:

系统采用总线制;

主机有手柄和免提两种通话方式可选;

主机可同时显示多路病房的呼叫,并记忆保持;

主机有音乐输入口,具有广播功能,可同时对全部或部分分机播放音乐和广播;

病房可呼叫护士站及对讲;

病床可解除呼叫;

护士站呼叫病床及对讲或自动循环监听；

护士站可同时呼叫多路病床及对讲；

有报警输出口，可接警灯；

主机对故障分机自动检测功能；

有485通信接口。

（3）布线方式选择，医院是一个洁净的场合，布线一般采用导线穿保护管暗敷设的方式进行。

（4）设备安装方案的确定，系统主机多媒体显示界面和呼叫主机设在护士站内，呼叫分机设在患者的床头和走廊适当的位置。

小 结

呼叫信号是仅指以寻人为目的的声光提示装置。呼叫信号系统按照使用功能可以分为：医院呼叫信号系统、旅馆呼叫信号系统、住宅呼叫信号系统、无线呼叫信号系统、其他呼叫信号系统等几大类。本章以医院为例介绍典型信号呼叫系统的组成，安装及调试，学习本章后达到对信号呼叫系统有一个比较全面的了解，可以初步规划设计和安装调试。

思考题与习题

8-1 呼叫信号系统按照使用功能分为哪几种类型？

8-2 呼叫信号系统的核心技术包含哪几个方面的内容？

参 考 文 献

[1] 中国建筑标准设计研究所出版的标准图集（有线电视、广播与扩声、智能化电气等设计施工图集）
[2] 华东建筑设计研究院．智能建筑设计技术．上海同济大学出版社，1996
[3] 张端武编著．智能建筑的系统集成及其工程实施．北京：清华大学出版社，2000
[4] 刘国林主编．建筑物自动化系统．北京：机械工业出版社，2002
[5] 戴瑜兴主编．民用建筑电气设计手册．北京：中国建筑工业出版社，1999
[6] 梁华主编．建筑弱电工程设计技术．北京：中国建筑工业出版社，2003
[7] 刘复欣主编．建筑弱电技术．北京：中国建筑工业出版社，2005